电子信息类新技术丛书

宽带无线接入网的动态 QoS 技术

曾菊玲　著

U0296076

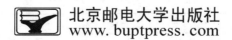

北京邮电大学出版社
www.buptpress.com

内 容 简 介

随着宽带无线接入网的普及和人们通信要求的提高,提供具有质量保证的多种类业务逐渐成为宽带无线接入网的主要任务,与此相应,宽带业务的 QoS 要求与无线资源的稀缺性和波动性矛盾成为宽带无线接入的瓶颈,动态 QoS 机制将业务质量与自适应无线资源的各种 QoS 技术结合,是解决这一问题的良好方法。本书分别从整体结构、参数映射和关键控制技术等方面深入研究了宽带无线接入网中动态 QoS 机制,其中包括支持跨层或优化的宽带无线接入网的 QoS 框架、链路独立层中优化的映射、链路依赖层中跨层优化的 QoS 映射、动态接纳控制 4 个部分。全书共分 5 章。

本书内容丰富、新颖,可供从事宽带无线接入的科技人员以及相关专业大学生、研究生阅读、参考。

图书在版编目(CIP)数据

宽带无线接入网的动态 QoS 技术/曾菊玲著.--北京:北京邮电大学出版社,2013.12
ISBN 978-7-5635-3772-3

Ⅰ.①宽… Ⅱ.①曾… Ⅲ.①宽带接入网—研究 Ⅳ.①TN915.6

中国版本图书馆 CIP 数据核字(2013)第 281313 号

书　　　名:宽带无线接入网的动态 QoS 技术
著作责任者:曾菊玲　著
责 任 编 辑:张珊珊
出 版 发 行:北京邮电大学出版社
社　　　址:北京市海淀区西土城路 10 号(邮编:100876)
发 行 部:电话:010-62282185　传真:010-62283578
E-mail:publish@bupt.edu.cn
经　　　销:各地新华书店
印　　　刷:北京联兴华印刷厂
开　　　本:787 mm×960 mm　1/16
印　　　张:11.25
字　　　数:200 千字
版　　　次:2013 年 12 月第 1 版　2013 年 12 月第 1 次印刷

ISBN 978-7-5635-3772-3　　　　　　　　　　　　　　　定　价:28.00 元

· 如有印装质量问题,请与北京邮电大学出版社发行部联系 ·

前　　言

　　电信网络正逐步向下一代网络演进。ITU-T 对 NGN 做了如下定义：NGN 是基于分组技术的网络，能够提供包括电信业务在内的多种业务；在业务相关功能与下层传输相关功能分离的基础上，能够利用多种带宽、有 QoS 支持能力的传送技术；能够使用户无限制接入到多个运营商；能够支持普遍的移动性，确保用户一致的、普遍的业务提供能力。ETSI 则定义如下：NGN 是定义和部署网络的一个概念，由于形式上分为不同的层面和使用开放的接口，NGN 给服务提供商与运营商提供了一个逐步演进的平台，不断创造、开放和管理新的服务。总的说来，NGN 的特点是以分组及全 IP 技术为基础，在融合平台上，提供具有质量保证的新业务，交互式语音、视频、实时任务、多媒体等需要时延、时延抖动、带宽质量保证的业务将越来越多，Internet 原有的为数据传输准备的尽力而为服务模式已不能满足要求，服务质量保证成为新一代网络的核心问题。

　　国际标准组织对服务质量做了大量研究，对于核心网，IETF 提出了2 种服务质量标准：IntServ 和 DiffServ，即通常所说的综合服务和区分服务，ITU 基于 IPQoS 发布了一系列的推荐标准，集中在 ITU-ITE800-E899 系列（电信服务质量：概念、模型、目标与规划）中。ISO/IEC JTC1-SC21 协议基于 OSI 网络 7 层模型，给出了完整的 QoS 模型和完善的QoS 定义，相应的 QoS 技术包括 QoS 参数分类、QoS 指标、QoS 管理、QoS 框架、服务质量等级及映射以及各层的资源分配及调度算法。

　　对于蜂窝移动通信网络，QoS 标准主要局限在数据链路层，UMTSR99/R4\5\6 分别对 WCDMA、CDMA EVDO 系统的 QoS 架构、接口、参数及指标进行了定义，与此同时，对于宽带无线接入网 IEEE802.11

系列,IETF 提出了 IEEE802.11E 标准,在 MAC 层采用类似 DiffServ 的区分服务 QoS 机制,对于宽带无线接入网 IEEE802.16 系列,IETF 提出了 MAC 层数据包映射到业务流进而映射到具有 QoS 标定的 CID 上的 QoS 机制。

以用户为中心是下一代网络服务质量的目标,ITU-T 建议 E800 把 QoS 定义为"决定用户满意程度的服务性能的综合效果",因此,以 IP 及分组技术为基础的融合网络中,端到端的 QoS 技术成为目前 QoS 技术的核心。端到端的 QoS 技术需要通过分层机制,借助以下三层服务共同实现:①无线接入网服务,②核心网服务,③外网服务。QoS 参数需要在各层之间映射,各层的 QoS 技术需要相互匹配。对于核心网络,由于链路质量稳定,QoS 技术研究历史较长,已经比较成熟。宽带无线接入网中,IP 层及其以下都是点到点的,IP 层以上则是端到端的,两种不同服务机制导致各层 QoS 参数映射及 QoS 技术匹配较困难。同时,无线链路的时变和紧缺是宽带无线接入网的瓶颈,将导致业务质量难以在通信过程中始终保持一致或者为保持一致的通信质量而浪费网络资源。因此,在宽带无线接入网中,研究动态 QoS 机制,根据业务质量和链路状态自适应分配无线资源,在提供 QoS 保证的同时,提高网络效率是非常紧迫的。这种动态机制必然增加 OSI7 层协议的各层之间的信息交互,采用跨层设计方法是该机制的基本方法。

本书针对宽带业务的 QoS 要求与无线资源的稀缺性和波动性矛盾逐渐加剧这一问题,深入研究了宽带无线接入网中动态 QoS 机制,其中包括支持跨层或优化的宽带无线接入网的 QoS 框架、链路独立层中优化的映射、链路依赖层中跨层优化的 QoS 映射、动态接纳控制 4 个部分,分别从整体结构、参数映射和关键控制技术研究了宽带无线接入网中动态 QoS 机制的实现方法。本书包括 5 章内容。第 1 章,阐述宽带无线接入网与服务质量的相关内容,包括下一代网络与服务质量基本概念、现有 QoS 框架、端到端的 QoS 技术、优化的 QoS 映射原理、跨层设计一般原理、接纳控制基本原理、宽带无线接入网及 QoS 机制及其接纳控制机制等内容。第 2 章,支持跨层设计的动态 QoS 框架,阐述具有链路独立层、链路独立-业务接口、链路依赖层,可以支持跨层设计的通用的 QoS 框架。第 3 章,优化的 QoS 参数映射,分别阐述了业务质量的客观评价及其到无线链路的映射、应用级到 IP 层的映射、IP 层到无线链路层的映射优化模型及求解方法。第 4 章,跨层设计,以 OFDM 为基础,阐述了频域子信道 MARKOV 模型以及基于此模型的 AMC/ARC 跨层设计及其性能评估方法。第 5 章,接纳控制及动态资源分配,分别阐述了基于 802.11e 协议的 EDCA\HCCA 以及 802.16 协议的动态接纳控制及优化资源分配算法。

本书得到三峡大学博士基金(0620120019)、国家自然科学基金(41172298)的支持,在此一并表示感谢。

作者

目　录

第1章　宽带无线接入网与服务质量 ·· 1

1.1　下一代网络及服务质量 ··· 1

1.2　QoS 定义、QoS 参数、分层结构及其映射 ·································· 3

1.3　QoS 控制 ·· 7

1.4　综合服务 IntServ 和区分服务 DiffServ ······························· 8

1.5　跨层设计及优化 ··· 9

1.6　接纳控制的一般原理 ··· 11

1.7　宽带无线接入网接纳控制机制 ··· 14

　　1.7.1　IEEE802.11eMAC 协议的 QoS 机制——EDCA ········· 14

　　1.7.2　IEEE802.11eMAC 协议的 QoS 机制——HCCA ········· 18

　　1.7.3　IEEE802.116d/ eQoS 机制及接纳控制 ··················· 19

1.8　宽带无线接入网所面临的问题及对策 ······································ 21

　　本章参考文献 ·· 23

第2章　分级跨层设计的宽带无线接入网 QoS 架构 ·························· 27

2.1　引言 ··· 27

2.2　宽带无线接入网中的 QoS 架构研究现状 ······························· 28

2.3　分级跨层设计的宽带无线接入网 QoS 架构 ··························· 30

　　2.3.1　分级架构 ·· 30

2.3.2　LI-SAP ……………………………………………… 32

2.4　链路层/物理层跨层的 QoS 管理结构 …………………………… 33

2.5　QoS 交互机制 ………………………………………………… 35

2.6　链路独立层及链路独立-链路依赖接口优化的 QoS 映射 ……… 36

2.6.1　优化模型的建立 ………………………………………… 36

2.6.2　优化模型的求解 ………………………………………… 37

2.7　仿真及验证 …………………………………………………… 37

2.7.1　优化映射对资源利用率的提高 ………………………… 37

2.7.2　跨层设计对资源利用率的提高 ………………………… 38

2.8　结论 …………………………………………………………… 40

本章参考文献 …………………………………………………… 40

第 3 章　宽带无线接入网中优化的 QoS 映射 …………………………… 46

3.1　引言 …………………………………………………………… 46

3.2　基于跨层优化的多媒体业务的客观评价(用户级—应用级优化的 QoS
映射) …………………………………………………………… 47

3.2.1　研究背景 ………………………………………………… 47

3.2.2　成对比较判别、间隔量化及最大似然估计 ……………… 48

3.2.3　多重衰减线性映射方法的基本原理 …………………… 49

3.2.4　基于最大似然判决的用户级—应用级优化的 QoS 映射 ………… 50

3.2.5　计算及仿真 ……………………………………………… 52

3.3　基于线性规划和模板映射的分层编码到 IP 业务映射(应用级—IP 层优化
的 QoS 映射) …………………………………………………… 53

3.3.1　研究背景 ………………………………………………… 53

3.3.2　MPEG 编码及相应的业务类别 ………………………… 55

3.3.3　P、B 帧的优化映射 ……………………………………… 55

3.3.4　优化算法的进一步改进——基于模板映射的帧业务确定算法 …… 58

3.3.5　计算及仿真 ……………………………………………… 59

3.4　多重 QoS 的区分业务—无线链路的优化映射 ·············· 60

　　3.4.1　研究背景 ··· 60

　　3.4.2　资源消耗最小的 IP—无线链路业务类别映射 ·········· 61

　　3.4.3　丢包率及时延映射误差最小的无线带宽分配 ·········· 62

　　3.4.4　梯度函数的数值求解 ····································· 64

　　3.4.5　链路层时变对带宽的影响 ································· 65

　　3.4.6　计算及仿真 ··· 65

3.5　本章小结 ·· 68

本章参考文献 ·· 68

第 4 章　AMC/ARQ 跨层设计及 QoS 映射 ························· 71

4.1　引言 ··· 71

4.2　OFDM 频域子信道 FSMM ·· 72

　　4.2.1　研究意义及背景 ··· 72

　　4.2.2　信道状态的 FSMM ······································· 73

　　4.2.3　OFDM 系统描述 ·· 74

　　4.2.4　OFDM 频域子信道 FSMC ································· 74

　　4.2.5　数值计算及仿真 ··· 79

4.3　OFDM 子载波上 AMC 与 ARQ 联合的跨层设计 ·············· 82

　　4.3.1　研究意义及背景 ··· 82

　　4.3.2　OFDM 频域子载波统计特性 ······························ 84

　　4.3.3　基于 OFDM 频域子载波的 AMC/ARQ 跨层设计及 QoS 映射 ··· 84

　　4.3.4　跨层设计的性能分析及优化 ······························ 86

　　4.3.5　AMC/ARQ 跨层设计的实现过程 ··························· 90

　　4.3.6　高速移动环境中,基于 FSMC 对 OFDM 频域子信道的 AMC/ARQ 跨
　　　　　 层设计的改进 ··· 90

　　4.3.7　仿真结果及讨论 ··· 94

4.4　基于队列模型的 AMC/ARQ 跨层设计性能评估 ·············· 95

　　4.4.1　研究背景及意义 ··· 95

4.4.2　系统模型 ································ 96

4.4.3　AMC/ARQ 跨层设计的队列分析 ············· 97

4.4.4　QoS 性能分析 ····························· 99

4.4.5　实例及计算 ······························ 101

4.5　本章小结 ···································· 103

本章参考文献 ··································· 103

第 5 章　宽带无线接入网的动态接纳控制研究 ············· 107

5.1　引言 ······································ 107

5.2　基于跨层的自适应预留带宽和多重 QoS 保证的 EDCA 流接纳控制 ······ 108

5.2.1　研究背景及意义 ························ 108

5.2.2　优化的 OFDM 子载波比特分配 ·············· 110

5.2.3　基于比特分配和分布式测量的预留带宽的更新 ······· 111

5.2.4　改进的碰撞概率及剩余因子计算 ·············· 113

5.2.5　业务 QoS 参数与碰撞概率 ················· 114

5.2.6　具有多重 QoS 保证的 EDCA 流接纳控制 ·········· 115

5.2.7　仿真 ································ 117

5.3　HCCA 改进的接纳控制 ·························· 123

5.3.1　研究背景 ···························· 123

5.3.2　业务的有效 TXOP ······················ 123

5.3.3　OFDM 子载波及比特分配 ················· 128

5.3.4　改进的接纳控制 ······················· 129

5.3.5　仿真 ······························· 130

5.4　IEEE802.16d/ e 无线网络的动态接纳控制机制 ··········· 138

5.4.1　研究背景 ···························· 138

5.4.2　基于 OFDMA 的自适应资源分配 ·············· 140

5.4.3　优化的带宽分割 ······················· 142

5.4.4　跨层包调度 ·························· 144

5.4.5　基于有效带宽的接纳控制 ·················· 146

5.4.6　仿真 ……………………………………………… 149

5.5　本章小结 …………………………………………… 155

本章参考文献 …………………………………………… 155

附录 1　缩略语 ……………………………………… 162

附录 2　FSMM 状态概率 …………………………… 166

附录 3　FSMM 稳态概率 …………………………… 167

第 1 章
宽带无线接入网与服务质量

本章介绍了服务质量的相关概念及技术以及宽带无线接入网现有的 QoS 技术,包括下一代网络与服务质量基本概念、现有 QoS 框架、端到端的 QoS 技术、优化的 QoS 映射原理、跨层设计一般原理、接纳控制基本原理、宽带无线接入网及 QoS 机制及其接纳控制机制等内容。

1.1 下一代网络及服务质量

电信网络正逐步向下一代网络(NGN)演进,推动这一演进的主要因素有以下 4 点:①人们对多媒体业务及多媒体通信的需求呈几何级数增长;②运营商需要提供多业务融合网络,以应对语音业务收益的呆滞或下降;③电信市场监管制度需要改革,创立新兴管理模式,在集中统一管理模式下,支持各种用户接入和多种计费;④各种新技术如宽带接入、QoS 技术、业务与网络分离技术、标准成熟等为 NGN 铺平了道路。

2004 年,ITU-T SG13 2001-2004 研究期第六次会议初步完成了 NGN 的定义:NGN 是基于分组技术的网络,能够提供包括电信业务在内的多种业务;在业务相关功能与下层传输相关功能分离的基础上,能够利用多种带宽、有 QoS 支持能力的传送技术;能够使用户无限制接入到多个运营商;能够支持普遍的移动性,确保用户一致的、普遍的业务提供能力。ETSI 则定义如下:NGN 是定义和部署网络的一个概念,由于形式上分为不同的层面和使用开放的接口,NGN 给服务提供商与运营商提供了一个逐步演进的平台,不断创造、开放和管理新的服务。

从功能角度讲,NGN 分为传送层、承载层、业务层,从地域角度讲,NGN 可以分为骨干网、核心网、接入网和驻地网 4 个级别,其网络架构如图 1-1 所示,网络功能模型如图 1-2 所示。

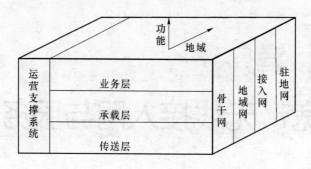

图 1-1　NGN 的网络架构

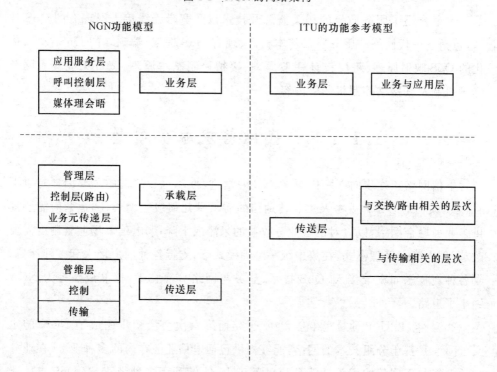

图 1-2　下一代网络功能模型

传送层由管理维护子层、控制子层和传输子层三个子层构成。其中,传输子层通过具体的传输通道,将用户数据流从源端传送到目的端,在骨干网,传输层主要指基于 SDH 和 DWDM 的光网络,在接入网和驻地网中,可以是无线通信的 WLAN、CDMA,也可以是以太网等;控制子层根据业务需求,动态实现传输资源的最佳配置,管理维护子层通过网络的实时监控和检测,随时发现并排除故障,实现网络的自我恢复。

承载层分为业务元传递子层、控制/路由子层、管理子层三个子层,主要由以IP网络为主的分组网络实现,通过路由交换完成用户的端到端连接。但是,由于业务从单纯的数据业务向多媒体业务发展,传统IP网络已无法满足要求,新型的、能够为多媒体等多种业务提供质量保证的QoSIP正待研究。

业务层由媒体处理与会晤、呼叫控制及应用服务三个子层构成。其中,媒体处理与会晤子层主要负责对不同媒体进行适配、调整等处理,以及对会话类型业务进行组织与配置;呼叫控制子层负责对业务呼叫进行逻辑与信令控制;应用服务子层完成对业务创建、实现和实施。NGN的业务层对运营商、ISP、ICP、ASP和用户完全开放,他们可以在业务层上创建业务、经营业务。

总的说来,NGN以分组及全IP技术为基础,在融合平台上,提供具有质量保证的新业务。其中,交互式语音、视频、实时任务、多媒体等需要时延、时延抖动、带宽质量保证的业务将越来越多,NGN具有业务开发、部署、管理的能力,其业务与网络分离的特点,使得网络和业务可以独立发展演进。同时,NGN支持通用移动性,具有用户接入的无关性和业务使用的一致性特点,这些特点要求以用户为中心,在网络的各个层面提供质量保证,并且这些质量保证措施能够相互支持,形成网络的QoS机制,Internet原有的为数据传输准备的尽力而为服务模式已不能满足要求,服务质量保证成为新一代网络的核心问题。

1.2 QoS定义、QoS参数、分层结构及其映射

QoS即Quality of Service。可以不同的方式定义。在Internet上,关于QoS的研究开始于20世纪80年代初期,主要内容是网络性能评价、吞吐量的计算以及传输延迟等,1997年9月制定了有关QoS定义与服务的一系列RFC标准,RFC2386[CNRS98]中描述为:QoS是网络在传输数据流时要求满足的一系列服务请求,具体可以量化为带宽、延迟、延迟抖动、丢失率、吞吐量等性能指标,服务质量包括用户的要求和网络提供者的行为这两个方面,是用户与服务提供者两个方面主客观标准的统一。在电信领域,ITU对QoS的研究始于20世纪60年代,当时主要是指传统电话业务的性能,随着IP技术在电信网络的应用,IPQoS的研究受到越来越多的重视,在ITU-TE800-E899系列中,发布了一系列推荐标准。本书

的 QoS 是指发送和接收信息的用户之间以及用户与传输信息的网络之间关于信息传输的质量约定,因此,QoS 机制应包括业务的 QoS 参数和为实现这些参数的控制机制。QoS 在一些标准中的定义如表 1-1 所示。

表 1-1　QoS 在一些标准中的定义

编号	QoS 定义	标准
1	This attribute is described by a group of specific sub-attributes, for example: service realibilty, service availability. The value are under study	I. 140
2	The collective effect of service performance which determines the degree of satisfaction of a user of service	E. 800/2102
3	A set of qualities requirements on the collective behaviour of one or more objects. QoS may be specified in a contract or measured and report after evevt. The QoS may be parameterized	x. 902
4	The collective effect of service performance which determines the degree of satisfaction　of a user of service	Y. 101/52
5	A set of vakues associated to the following ATM performance parameters: end-to-end cell loss ratio, end-to-end cell transfer delay, end-to-end cell delay varations	F. 811
6	A set of qualities related to the collective behaviour of one or more objects	X. 642/3. 2
7	The collective effect of service performance which determines the degree of satisfaction of a user of service	G. 100、E. 416
8	Is used to specify the required quality of service such as bit error rate	Q. 1720
9	The collective effect of service performance which determines the degree of satisfaction of a user of service	E. 726
10	The quality of the service that induvadual information streams receives from the multiplexer, as measured by parameters such as bit rate, delay jittermloss, etc	H. 223
11	The collective effect of service performance which determines the degree of satisfaction　of a user of service	J. 145

　　从功能结构来看,一个基本的 QoS 体系结构如图 1-3 所示,包括三个主要元素:①网络元素中的 QoS 机制,如排队、调度和整形等;②端到端的 QoS 信令,用来协调网络元素的行为,如实现资源的接纳控制等;③QoS 策略、管理和计费,用来控制和管理经过网络的端到端的流量。

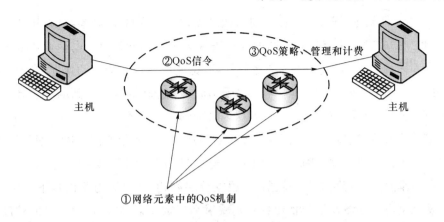

②QoS信令　③QoS策略、管理和计费

主机　　　　主机

①网络元素中的QoS机制

图 1-3　基本的 QoS 体系

从结构层次来看,虽然 ITU-T 和 IETF 对 QoS 架构有不同的定义,但基于 ISO7 层协议模型进行 QoS 设计是共同的方法。在纵向,相应于 INTERNET 的 OSI 分层结构,其 QoS 的分层结构由低到高依次可分为六层[1,2,3]:物理层、链路层、网络层、端到端层、应用层和用户层。在横向,对于网络层,IPQoS 管理结构一般分为两层面:数据层面和控制层面。数据层面机制主要用于区分分组,将分组映射到它们的服务类别中,并进行相应的处理,数据层面的机制包括包分类、整形、策略、缓存管理、调度等;控制层面的机制包括资源规划、流量工程、接纳控制、资源保留等。在宽带无线接入网中,QoS 框架结构中存在的问题主要是:现有分层结构中,各层单独设计,业务和资源分离,无线资源的动态特点无法保证业务质量的一致性或为保证质量浪费大量资源,业务需求与无线资源提供的矛盾加剧。为解决这一问题,需要对分层结构进行一定改进,采用跨层设计方法,形成新的 QoS 框架,本书将在第 2 章对此进行研究。

QoS 的量化描述称为 QoS 参数,可分为可量度性参数和策略性参数[4]。可量度性参数以数值计数,以最大、最小或优化(平均)三种参数值给出,可进一步划分为性能度量性和安全级别化参数。性能度量性是用来说明与服务性能有关的参数集,如端到端延迟、总传输量、误码率等。性能度量性参数又可分为实时性、精确性、准确度,实时性包括服务起止时间、总时间、时间变化性等。精确性包括输入、输出的数据内容及数据表示的精确性、数据流内部及之间的一致性精度。准确度包括输入、输出的数据内容的准确度。安全级性别化参数定义高层应用要求的提供的数据安全性级别。策略性参数又分为服务可获得性(如优先级)和管理策略参数(调度策略参数)。

在 QoS 框架中,服务质量在不同功能层表现为不同的 QoS 参数,在用户层表现为用户感知,在应用层针对不同的业务表现为不同的参数,如:电话业务表现为接通率和话音质量,VoD 表现为图像质量,浏览业务表现为响应的速度,在应用层以下则表现为不同粒度的时延、抖动、误码率。又比如时延,在端到端层表现为流时延,在网络层表现为包时延,在链路层表现为帧时延。

随着业务从发射端到接收端,QoS 参数要从接入网到核心网到接入网传输,同时也要在不同协议层间传输,在不同域间 QoS 映射称为水平映射,不同层间 QoS 映射称为垂直映射,简称 QoS 映射[5],根据分层结构,垂直映射可以从下至上,也可以从上至下。QoS 映射包括业务类别映射和参数映射,随着控制信息的粒度改变,QoS 参数在各层间变化[6],QoS 垂直映射如图 1-4 所示。参数映射的方法主要有两类:基于函数和基于表格。基于函数的映射方法具有连续可变性,比如,通过建立 IP 包的传输模型和链路层的数据帧传输模型,可以找到 IP 层的丢包率与误帧率之间的函数映射关系,但是由于网络条件的复杂性和多变性,这种演绎函数关系很难得到,也不具有普适性。基于表格的映射方法主要用于业务类别映射,根据经验将不同层间的 QoS 对应,比如,IP 的期望业务类别与 IEEE802.16 的主动授予类业务对应。但基于表格的映射方法忽略了量化描述,往往不够准确。

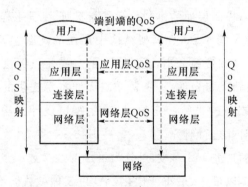

图 1-4　QoS 映射示意图

随着多媒体业务的增多和资源的逐渐稀缺,优化的 QoS 映射成为目前研究的热点,在保证 QoS 参数映射误差最小的同时使资源利用率最高,可达到提供用户最满意的服务而同时最有效地利用资源或二者达到折中的目的,是动态 QoS 机制的一个重要方面。常用的方法是将类别和参数映射结合,以最小映射误差为目标,或最大资源利用率为目标,形成优化问题。目标函数有价值函数、效率函数、平衡函数等[7],常用的求解方法有拉格朗日法、迭代法、数值分析法等[7],本书第 4 章研究了该内容。

跨层的 QoS 映射是另一种优化映射方法,指某一层的业务参数跨过相邻层直接映射到非相邻层(如 TCP 和链路层)或同时映射到相邻层和非相邻层(链路层和物理层),达到非相邻层的控制机制或多控制机制协同工作,实现动态 QoS 机制的目的。常用的方法为跨层设计及优化理论,这一方法对解决宽带无线接入网资源稀缺性和动态性意义重大,本书第 5 章研究了该内容。

1.3　QoS 控制

为了实现服务质量,必须保证相应的网络性能,需要在网络协议的每一层采用一定的控制机制,常见 QoS 控制过程包括:通信量管理控制、QoS 路由、基于 QoS 的传输调度、缓冲区管理、流量控制、分组丢弃等。这些 QoS 控制主要分布在核心网络的 IP 层及以上,通信量管理控制属于端到端层,包含:对用户的传输进行接纳控制;对其信源实施业务整形;对数据流进行监控。QoS 路由属于 IP 层,主要包括管理路由信息和路由算法;基于 QoS 的传输调度功能是从结点的每一个输出链路中选择在下一个有效周期中发送的分组;缓冲区管理则用以为分组发送或重传等交互过程预先分配缓冲区并保留;流量控制用以控制网络中的连接数目和业务流量;分组丢弃是通过丢弃低优先级的数据包以避免缓冲区溢出从而保证通信质量的方法。

控制策略的实施分别在各层控制层面及数据层面上完成。控制层面允许用户或网络实施服务等级协议,适当地分配网络资源,以确保已允许接纳的呼叫/会话的服务质量,控制层面的机制包括资源规划、流量工程、接纳控制、资源预留等,数据层面机制主要用于区分分组,将分组映射到它们的服务类别中,并进行相应的处理,支持有 QoS 要求的多种类型或级别的服务,是控制层面机制的基础,数据层面的机制包括包分类、整形、策略、缓存管理、调度等。所有数据层面和控制层面的 QoS 管理机制共同协作为 IP 网络的实时应用提供服务质量保证。

对于接入网而言,不同的协议有不同的服务质量技术,主要通过业务控制和无线资源分配实现,但一般没有控制层面和数据平面的明确划分。在宽带无线接入网中,由于无线链路的时变特点,业务控制和无线资源分配需要自适应于这种变化才能保证服务质量和资源的有效用,因此,动态接纳控制及其资源分配是宽带无线接入网中重要的 QoS 技术,本书第 5 章对此进行了研究。

1.4 综合服务 IntServ 和区分服务 DiffServ

综合服务 IntServ 和区分服务 DiffServ 是 Internet 的两种重要质量体系。传统的 IP 协议提供无连接的传输,资源的访问和使用没有进行控制和管理,只能提供尽力而为业务。为了提供服务质量保证,IETF 提出了 IntServ,其中规定了三种服务类型:QoS 保证服务、受控附在服务、尽力而为服务。QoS 控制组件如图 1-5 所示,RSVP 为其 QoS 信令,通过 RSVP,用户可以为业务流申请资源预留。IntServ 虽然可以为每流预留资源,能较好地为用户提供 QoS 保证,但在路由器中需要维护与分组数量成正比的状态信息,可扩展性差,特别是骨干网上难以实施。于是,IETF 又提出了 DiffServ,边界结点根据用户对流的轮廓描述和资源预留信息将进入网络的单流进行分类,聚合为不同的流聚集并为每个流聚集预留资源,流状态信息只在网络边界处保留,网络内部结点的服务对象是流聚集,只进行简单的调度转发,与状态无关。DiffServ 提供三种服务类型:期望服务、确保服务、其他服务类型。DiffServ 以流聚集为服务单位,不能对每流提供 QoS 保证。

综合服务 IntServ 和区分服务 DiffServ 各有长处和局限,都不能完善地提供 QoS 保证,将其结合,互相协作,共同实现端到端的 QoS 保证,如图 1-5 所示,可以看出核心网与宽带无线接入网的连接主要通过 DiffServ。

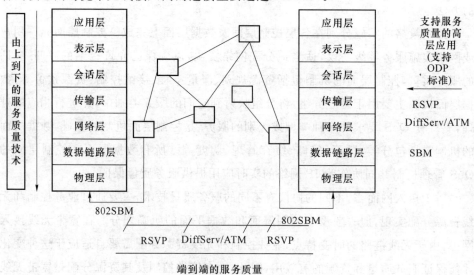

端到端的服务质量

图 1-5 端到端的 QoS 机制

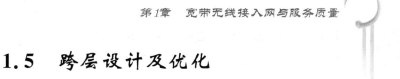

1.5　跨层设计及优化

1. 跨层设计发展历史及研究现状

跨层设计是实现动态 QoS 机制的重要手段,也是本文采用的重要设计方法。跨层设计概念的提出可以追溯到 20 世纪 90 年代,对于有线网络问题的研究上,无线网络中的跨层设计目前有以下成果。①关于无线网络跨层设计的一般性原则:本章参考文献[8]、[9]对早期跨层设计成果作了总结,归纳了跨层设计的结构、接口、信息或反馈信息传递等方法 。②针对不同网络和应用的跨层框架设计:本章参考文献[10]给出了 MAC 中无重传机制的无线网络中,基于传输层和链路层联合的速率优化模型;本章参考文献[11]给出了多天线系统的上行链路调度与物理层信息交互的跨层优化系统;本章参考文献[12]给出了无线传感器网络中,采用层间优化代理的网络层、链路层、物理层跨层交互的优化模型;本章参考文献[13]讨论了军事通信网络中提供端到端的 QoS 保证的跨层设计框架;本章参考文献[14]讨论了无线网络中提供 QoS 保证的基于交互和自适应的跨层设计框架;本章参考文献[15]总结了无线蜂窝网中,上层与链路层和物理层的跨层设计;本章参考文献[16]给出了 ADHOC 网络中,基于层信息交互和自适应的跨层设计,以改善端到端的服务质量;本章参考文献[17]针对跨层设计中多个层次联合优化的复杂性,提出了基于离线学习的联合优化策略;本章参考文献[18]给出了 MAC—PHY 跨层设计的方法;本章参考文献[19]提出了跨层设计框架以支持时延敏感业务。从跨层设计的方法来看,这些研究采用的方法主要是反馈优化,研究的结果主要是跨层框架,核心内容主要是反馈信息的选择和传递。③跨层的联合优化设计:本章参考文献[20]、[21]、[22]研究了 OFDMA 中子载波和比特分配的优化问题,其目标函数为系统信道容量最大,约束条件为受限的功率和多用户分集,没有将物理层信息与链路层调度结合,还不能算作跨层优化。④AMC/ARQ 跨层设计[23,24,25]:这类设计采用反馈优化的方式,不仅给出了跨层框架,还给出了参数计算的具体方法,可方便地进行 QoS 映射和控制,但结果不是最优的。

2. 无线网络中采用跨层设计方法的背景

分层结构应用于无线网络存在以下两个问题:(1)非最优性,分层的方法不允许在各层之间分享信息,而每一层有关网络的信息都是不充分的,在带宽紧缺的无线网络中,某个因素往往会对好几个层次产生影响,因此,分层设计的网络协议无法保证在整个网络中是最优的;(2)非灵活性,在传统的分层方法中,协议层是要求能在最坏的情况下运行而设计的,没有适应环境变化的能力,这就必然导致频谱与能量的使用效率低下[8,9]。

3. 跨层设计的基本原理

核心思想是指网络中每层都不是单独设计的,而是把所有层作为一个整体来设计,使得网络各层能够共享与其他层相关的信息,层与层之间信息的交互保证了协议能够根据应用需求和网络条件进行全局意义上的自适应,每层协议都可以在系统整体约束和整体性能要求下进行联合的优化设计,从而达到提高网络性能的目的。

从反馈信息的流动来看,跨层设计可采用三类方法:由协议栈的上层到下层的跨层设计机制、由下层到上层的跨层设计机制和混合跨层设计机制[13,19,26]。

从优化方法来看,跨层设计可分为两类[27]:一类是在对某一协议层进行优化的时候,通过层间信令,把其他协议层的参数也考虑进来,这类方法称为反馈优化,这类方法本质上还是分层设计的思想,但在为某一协议层设计算法的时候用到了其他层的参数,可以做到局部最优,但可能会引起关联层不匹配;另一类方法是将依赖关系密切的两个或多个协议层合并为一体,将所研究的通信问题转化为数学优化问题,再使用优化理论去分析求解,这类方法称为联合优化,能达到全局最优,但计算复杂。

对于反馈优化,本章参考文献[28]总结了跨层设计机制及信息传递方法,与本文有关的物理层及链路层跨层机制如图 1-6、图 1-7 所示。

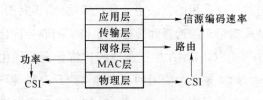

图 1-6　物理层跨层机制

图 1-7　链路层跨层机制

联合优化的方法主要包括三个步骤：数学建模，问题分析，问题求解。其中无线网络的跨层数学建模是关键，本章参考文献[29]归纳了跨层类型，将无线网络中所有的联合优化问题建模为通用的数学优化问题：

目标函数：$\sum\limits_{s} U_s(x_s, P_{e,s}) + \sum\limits_{j} V_j(\omega_j)$

限制条件：(1) $Rx \leqslant c(W, P_e)$, （1-1）

$\qquad\quad$ (2) $x \in C_1(P_e), x \in C_2(F)$ 或 $\in \Pi(\omega)$, （1-2）

$\qquad\quad$ (3) $R \in \Re, \qquad F \in f \qquad w \in \omega$ （1-3）

其中，U_s 是源的利用率，V_j 是网络元素对物理资源的利用率。x_s 为源 s 的数据速率，$P_{e,s}$ 是源错误概率矩阵，w_j 网络元素 j 的物理资源，R 是路由矩阵，c 代表逻辑链路容量，为物理资源 W 及错误概率 P_e 的函数，F 是竞争矩阵，Π 是调度矩阵，$\omega, f, \Re$ 分别代表了可能的物理资源、竞争或调度 MAC 机制、单径或多径路由机制。限制条件(1)表示网络中流量与链路容量的关系，限制条件(2)表示网络流量 x 会受到 ARQ 机制和链路层冲突避免机制或调度机制的共同约束，限制条件(3)分别表示可行的路由策略受限于集合 $\Re$、可能的调度或接入策略受限于集合 f 以及可用的物理层资源受限于集合 ω。每个约束条件都代表了一个层次的优化模型，可以用相应的规律表达。

1.6　接纳控制的一般原理

接纳控制是指在有限的网络资源下，根据网络的流量负载状况，判定网络是否接纳新连接（或流、呼叫等），以控制接入连接（或流、呼叫等）的数量，保证已接纳连接（或流、呼叫等）的服务质量，接纳控制首先在 ATM 网络中提出，随后在 IP 网络中，由于"尽力而为"的服务方式不限制业务流对网络的访问，甚至在当前的负载已超过网络容量限制的情况下，新业务流也持续不断地进入网络，导致数据包丢失和过长的网络延迟，并影响现有的和新进业务流的服务质量，因此，接纳控制机制也成为必需的控制机制。在宽带无线接入网中，如 IEEE802.11，提供尽力而为业务，QoS 机制仅支持区分业务，不能支持语音、视频等具有严格 QoS 要求的业务，在另外一些宽带无线接入网中，如 IEEE802.16，虽然提供面向连接的服务，但没有定义接纳控制算法，因此，接纳控制也成为研究热点，也是本文的重要内容。

1. 结构框图

图 1-8 为其结构框图,包括接纳控制准则、网络 QoS 状态和业务流信息、接纳控制单元,其工作流程为:接纳控制单元根据接纳控制准则和网络 QoS 状态和业务流信息,对到达的请求做出接入决定。

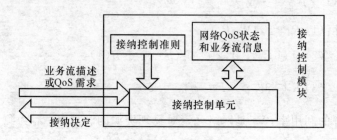

图 1-8　接纳控制结构框图

2. 体系结构

根据接纳控制单元的物理位置及其接纳判决依据,接纳控制的体系结构主要分为以下 2 类。

(1)集中式结构

集中式接纳控制结构通过一个集中的带宽管理器或资源管理器,集中、统一地管理和分配网络域内资源,根据域内与接纳请求相关的资源使用情况,决定是否接纳。优点是,可以对整个网络域的资源信息进行调配,具有最大的灵活性;缺点是,带宽管理器要维护全网络的资源使用状况,算法复杂,效率较低。

(2)分布式结构

分布式结构的接纳控制没有统一的资源管理,而是由各个结点根据自身的带宽和缓冲区使用情况,独立决定是否接受接纳请求。结点在做出接纳控制决定时,并不需要考虑其他结点的状况,较简单。

3. 算法

接纳控制的算法可分为基于模型的接纳控制和基于测量接纳控制两种。

(1)基于模型的接纳控制

依据对业务流和网络模型,计算在最坏情况下或某一限定条件下已接受的和新进实时业务流的理论性能如延迟、包丢失率等,并根据此理论性能和业务流的QoS 要求做出相应的接入决定,提供确定的或统计的服务质量保证服务。确定的服务质量保证是指在最坏情况下理论性能要好于 QoS 要求;统计的服务质量保证是指实际性能坏于 QoS 要求的情况仅会以较小的概率出现。

基于模型的接纳控制能够为精确描述的业务提供延迟保证服务,如果采用基于模型的优化算法能做到全局最优,其缺点是为防止实际业务和网络与模型的偏差,经常采用最坏条件作为接纳准则,这导致了资源浪费,由于流或网络模型的复杂性,使得模型计算非常复杂,不利于实时控制。

　　(2) 基于测量的接纳控制

　　基于测量的接纳控制最早是在 1991 年提出,在 ATM 网和 IntServ 的研究中逐渐发展完善。该方法把对实际网络流量的测量数据作为接纳决策的依据,从而能够更加准确地描述网络的流量情况。每个基于测量的接纳控制算法包括两个部分:测量和接纳控制。目前已有的网络测量方法有:点估计法、指数平均法、时间窗方法。接纳控制是依据测量结果和业务流的描述,通过判定新进业务流的加入是否引起带宽越限或缓冲区溢出,来控制新进流对网络资源的访问。基本的判定算法如下。

　　① 测量求和:测量已存在的业务量负载,求它与新进流的请求带宽的和,保证它们的和不大于可用带宽。

　　② 当前流量,依据一定模型计算当前网络流量的有效带宽,然后根据请求带宽和当前流量的有效带宽之和是否超过网络容量决定是否接纳。

　　③ 对于大量流,根据高斯近似。

4. 优化的接纳控制

　　一般地,接纳控制有以下几个指标。

　　① 带宽效率和丢包率:丢包率和带宽效率分别是用户和网络对于接纳控制算法的要求,一个好的接纳控制算法应当在保证目标丢包率的前提下实现尽可能高的带宽效率。

　　② 实现复杂度:由于接纳控制是一个实时的流量控制过程,因此其处理要足够简单,以满足实时要求,实现复杂度要低。

　　③ 可扩展性:高速链路上有大量复用的连接,若逐个对连接的状态进行管理和计算,则与连接数成正比的计算量较大,处理困难,因此,要求接纳控制有较高的可扩展性。

　　④ 流量模型依赖性:对流量模型的依赖会限制接纳控制算法的应用范围,因此,要求较低的流量模型依赖性。

　　在以上指标中,最关心的是带宽效率和丢包率,这两个指标的同时实现要求在保证业务 QoS 的同时,尽可能地提高网络效率,这构成了优化的接纳控制。

从数学抽象看,接纳控制本质上是一个优化问题:

$$\begin{cases} O_i(x_1, x_2, \cdots, x_n) = \max \text{ 或 } \min \\ C_{mi}(x_1, x_2, \cdots, x_n) \leqslant \text{cont} \\ C_{ei}(x_1, x_2, \cdots, x_n) \leqslant \text{cont} \end{cases} \tag{1-4}$$

其中,C_{mi},C_{ei}为约束条件,如丢包率、时延等;O_i为目标函数,如用户数、网络利用率等;$x_1, x_2, \cdots, x_n$为相应于约束条件的网络元素所占用的资源,如约束条件为丢包率时,$x_1, x_2, \cdots, x_n$可表示各业务占用的带宽和调度机制等,因此,接纳控制是一个寻求满足诸如丢包率或时延等QoS参数的、网络效率最高的接纳判别系统。

1.7 宽带无线接入网接纳控制机制

1.7.1 IEEE802.11eMAC协议的QoS机制——EDCA

针对IEEE802.11对业务QoS支持的不足,IEEE802.11e定义了HCF,其超帧包含CFP(无竞争期)和CP(竞争期),在CFP仅采用HCCA(HCF Controlled Channel Access),在CP既可采用EDCA(Enhanced Distributed Channel Access)接入机制,也可采用HCCA。

1. 区分业务

EDCA对业务QoS支持是通过区分业务实现的。根据不同的服务质量要求,EDCA将不同业务划分为4个接入类(AC,Access Category),分别对应8个不同的优先权。表1-2列出IEEE 802.1D中定义的不同用户优先级与IEEE802.11e中定义的AC之间的对应关系。

表 1-2 IEEE 802.1D 用户优先级与 IEEE802.11e AC 之间的对应关系

802.1D 业务优先权	EDCA AC	业务定义
1	0	背景数据
2	0	背景数据
0	0	尽力而为
3	1	视频
4	2	视频
5	2	视频
6	3	语音
7	3	语音

EDCA 结点中分别有 4 个接入队列存储来自 4 个 AC 的数据帧。每个队列都与一定的接入参数相关联,并具有信道访问功能(CAF,Channel Access Function)。通过区分不同 AC 的接入参数,EDCA 向不同 AC 提供不同的优先级。EDCA 对优先级的区分主要表现在以下几个方面。

(1) AIFS 区分

在 EDCA 中引入仲裁帧间隔(AIFS)代替 DCF 帧间隔 DIFS。在 DCF 中,信道空闲 DIFS 时间后,所有退避过程立即开始启动。而在 EDCA 机制下,启动不同 AC 的退避过程所需要的时间 AIFS 是不一样的。AC(i) 的 AIFS 大小可以表示为:

$$AIFS(i) = SIFS + AIFSN(i) \times slottime \tag{1-5}$$

其中 AIFSN(i) 表示 SIFS 结束后结点开始退避或者尝试发送数据前所需要经历的空闲时隙个数,优先级越高 AIFS 越小。这样,高优先级的 AC 总是比低优先级的 AC 更早进入退避,从而具有更大的信道访问几率。图 1-9 描述了 EDCA 方式的时隙图。

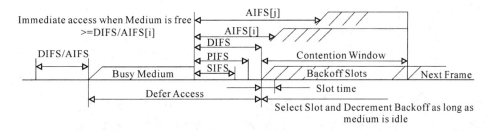

图 1-9　EDCA 方式的时隙图

(2) 竞争窗区分

竞争窗是影响优先级的另外一个主要参数。与 DCF 方式中所有结点具有相同的最小竞争窗和最大竞争窗不同的是,EDCA 结点中的每个接入队列对应不同的最小竞争窗 CWmin 和最大竞争窗 CWmax。高优先级 AC 具有较小的 CWmin 和 CWmax,从而具有比较短的退避等待时间和较大的接入机会,如图 1-9 所示。

(3) 内部碰撞处理机制

结点的每个队列对应一个退避例程和 AC,并作为独立的竞争实体拥有自己的 AIFS 间距和退避计数器。各个 AC 独立竞争信道,独立启动退避过程。如果一个结点内多个 AC 的退避计数器同时减小到 0,即多个队列同时完成退避过程,则在该结点内不同的 AC 间发生虚碰撞。与发生在无线信道中的碰撞不同,虚碰撞并不占用信道带宽。结点内设置的虚碰撞调度机制将赋予高优先级队列访问信道的权力,而让低优先级队列进行退避。因此,虚碰撞机制也是区分优先级的一种方式。

虽然 EDCA 规定了多个业务类型,但上述这些机制只能提供优先权保证(即区分服务),不能提供量化 QoS 保证,对具有严格带宽、时延要求的语音、视频及多媒体业务仍然不能提供 QoS 保证。为达到带宽、时延的量化保证,2003 年,本章参考文献[29]首先提出了基于 TXOP 的分布式接纳控制(DAC)机制,实施对业务的量化控制。

2. EDCA 的分布式接纳控制(DCA)

2003 年,本章参考文献[29]首次提出了 IEEE802.11eEDCA 的分布式接纳控制机制,但不能提供 TXOP 参数和 QoS 参数的直接联系,很难避免网络性能抖动,且仅当传输负载较轻时,能保护现有流,其应用受到限制。本章参考文献[30]在此基础上,提出了对实时传输采用中心辅助的分布式接纳控制,以提供 QoS 保证,对数据业务进行全局参数控制,以保证网络效率和数据业务之间的公平性的方法。其基本原理如下。

(1) 对语音、视频等实时业务的接纳控制

① 接入点 QAP 的作用:计算各类业务剩余可用时间,通过信标帧发送给各站点。QAP 保存参数 $\text{AIFS}(i)\backslash\text{CW}_{\min}(i)\backslash\text{CW}_{\max}(i)\backslash\text{surplusfactor}(i)\backslash\text{ALT}(i)\backslash\text{Txtime}(i)$,由表 1-2 知,实时业务的接入类别为 $\text{AC}(i)$,对 $\text{AC}(i)$,$\text{AIFS}(i)\backslash\text{CW}_{\min}(i)\backslash\text{CW}_{\max}(i)$ 保持恒定;$\text{surplusfactor}(i)$ 表示业务 $\text{AC}(i)$ 的全部预留带宽与成功传输该业务所用带宽之比,QAP 计算 $\text{surplusfactor}(i)$ 的方法是:起始时刻设置初始值如 1.1 等,然后每间隔一个信标帧,根据测量值进行调整;$\text{ALT}(i)$ 为 $\text{AC}(i)$ 可用的最大带宽,该值可根据业务申请得到;$\text{Txtime}(i)$ 为 $\text{AC}(i)$ 传输一帧数据的所有时间(包括开销和帧间隔)。因此,$\text{AC}(i)$ 在下一个信标帧后可用的传输时间为:

$$\text{TXOPBudget}(i) = \max(\text{ALT}(i) - \text{Txtime}(i) \times \text{surplusfactor}(i), 0) \quad (1\text{-}6)$$

② 各站点 QSTA:根据 $\text{TXOPBudget}(i)$ 对本站 $\text{AC}(i)$ 进行接纳控制。各站点保存参数 $\text{TxUsed}(i),\text{TxCounter}(i),\text{TxLimiter}(i),\text{TxRemainder}(i),\text{TxMemory}(i)$,$\text{TxUsed}(i)$ 用以记录该站 $\text{AC}(i)$ 在线传输所用时间;$\text{TxCounter}(i)$ 用以记录该站 $\text{AC}(i)$ 成功传输所用时间;$\text{TxMemory}(i)$ 用以记录该站 $\text{AC}(i)$ 在一个信标帧中所用资源;$\text{TxLimiter}(i)$ 表示该站 $\text{AC}(i)$ 能用的最大资源;$\text{TxRemainder}(i)$ 表示一个帧被禁止后,该站 $\text{AC}(i)$ 所剩资源。站点内,各参数的更新方法如下。

若 TXOPBudget$(i) = 0$，则对下一个信标帧中，以 $AC(i)$ 接入的站而言：

$$\text{TxMemory}(i) = 0, \text{TxRemainder}(i) = 0 \quad \text{TxLimiter}(i) = 0 \quad (1-7)$$

对其他站，TxMemory(i)，TxRemainder(i)，TxLimiter(i) 保持不变。

若 TXOPBudget$(i) > 0$，则对下一个信标帧中，以 AC(i) 接入的站而言：

$$\text{TxMemory}(i) \in [0, \text{TXOPBudget}(i)/\text{Surplusfactor}(i)] \quad (1-8)$$

对其他站，下列参数周期性更新：

$$\text{TxMemory}(i) = f \times \text{TxMemory}(i) +$$

$$(1 - f) \times ((\text{TxCounter}(i) \times \text{Surplusfactor}(i) + \text{TXOPBudget}(i)) \quad (1-9)$$

$$\text{TxCounter}(i) = 0 \quad (1-10)$$

$$\text{TxLimiter}(i) = \text{TxMemory}(i) + \text{TxRemainder}(i) \quad (1-11)$$

各站点接纳控制的准则为：

a. 对新的 AC(i)

TXOPBudget$(i) > 0$，且 TxUsed$(i) <$ TxLimiter(i)

则接受；否则，拒绝。 $\quad (1-12)$

b. 对现存 AC(i)，若

TxUsed$(i) >$ TxLimiter(i) $\quad (1-13)$

则阻止发送，且

TxRemainder $=$ TxLimiter$(i) -$ TxUsed(i) $\quad (1-14)$

否则，继续发送。

③ DAC 的性能。A. 对现存流的保护：当 TXOPBudget$(i) = 0$ 时，新的 AC(i) 不被接纳，现存流的 TxMemory(i)、TxRemainder(i) 保持不变，则 TxLimiter(i) 不变。B. 当 TXOPBudget$(i) > 0$ 时，TxMemory(i) TxLimiter(i) 周期性改变，由于 $f < 1$，TxMemory(i) 收敛于 TxCounter$(i) \times$ Surplusfactor$(i) +$ TXOPBudget(i)；当 TXOPBudget(i) 耗尽时，TxMemory(i) 收敛于 TxCounter$(i) \times$ Surplusfactor(i)，TxLimiter(i) 收敛于 TxCounter$(i) \times$ Surplusfactor(i) 加上剩余，保证实时业务获得不变的保证传输的带宽。

(2) 数据业务的全局控制

由表 1-2 可知，数据业务为 AC(i)，$i = 0$，QAP 根据网络条件动态改变 AIFS(0)\CW$_{\min}(0)$\CW$_{\max}(0)$。本章参考文献[30]规定基于测量的网络条件为成功传输时间 STT(i) 和失败传输时间 FTT（前者在测量中可判断类别，故分类计，后者不可分类，故计全体），全局数据控制分两步完成：a. 根据网络条件，确定是否改变

$\text{AIFS}(0)\backslash \text{CW}_{\min}(0)\backslash \text{CW}_{\max}(0)$。有如下原则:若前几个信标帧间改变了参数则不再改变;若连续多个信标帧间未改变参数,则降低参数;当网络条件不恶化时($\text{STT}(i)$不下降很多,FTT低于给定值或$\text{STT}(i)$不变,FTT变化很小),不改变参数;网络条件恶化,但测量出是由于增加实时业务所致,不改变参数;若实时业务成功传输时间不增加,则增大参数;若失败传输持续增加,则增大参数。

b. 参数改变。

$$\text{CW}_{\min}(0) = \text{CW}_{\min}(0) \pm \Delta t_1 \tag{1-15}$$

$$\text{CW}_{\max}(0) = \text{CW}_{\max}(0) \pm \Delta t_2 \tag{1-16}$$

$$\text{AIFS}(0) = \text{AIFS}(0) \pm \Delta t_3 \tag{1-17}$$

1.7.2 IEEE802.11eMAC 协议的 QoS 机制——HCCA

HCCA 提供基于轮询的接入机制,既可以工作于 CFP,也可以工作于 CP,HCF 由 dot11CAPRATE 和 dot11CAPMAX 定义无竞争与有竞争的时间比和最大无竞争突发长度。HCCA 通过分配给站点 TXOP(Transmission Opportunities,传输机会)控制业务接入,工作过程如下。

1. 资源预留:站点首先发送携带 TSPEC 的 ADD_TS_QoS 激活帧给 HC,进行资源预留。TSPEC 的结构如图 1-10 所示。

Element ID	lengtnl	Tsinfo	Nomianl MSDU size	Maximum MSDU size	Minimum Serviceinterval	Maximum Serviceinterval	Inactive interval	Suspension interval
Service Start time	Maximum Data rate	Mean Data rate	Peak Data rate	Maximum Burst size	Delay bound	Minimum PHY rate	Surplus bandwidth alowance	Medium time

图 1-10 TSPEC 格式

TSPEC 的主要参数:平均数据速率、时延限、最大业务间隔、标称 MSDU 尺度、峰值速率、最小物理速度。

2. AP 中的 HC 在收到 TSPEC 后,已知业务 QoS,对业务进行调度及接纳控制。

(1) HC 选择信标帧的因子中低于所有最大业务间隔中的最小值的因子作为调度间隔 SI,则对流 i,其平均包到达率为:

$$N_i = \left\lceil \frac{SI \times \rho_i}{L_i} \right\rceil \tag{1-18}$$

其中,ρ_i 为平均到达率,L_i 为标称包长。

（2）流 i 的 TXOP_i 持续时间：

$$\mathrm{TXOP}_i = \max(N_i(\frac{L_i}{R_i}+O), \frac{M}{R_i}+O) \tag{1-19}$$

其中，R_i 是最小物理比特率，M 是最大 MSDU 的长度，O 是开销，包括帧间隔、ACK 等。

（3）对于已有 k 各流存在，对 $k+1$ 流接纳控制的准则为：

$$\frac{\mathrm{TXOP}_{k+1}}{\mathrm{SI}} + \sum_{i=1}^{k}\frac{\mathrm{TXOP}_i}{\mathrm{SI}} \leqslant \frac{T-T_{\mathrm{cp}}}{T} \tag{1-20}$$

3. 对已确定接纳的流，AP 中的 HC 轮询站点：在信道空闲时间 DIFS 后，HC 根据轮询表依次轮询站点，被轮询的站点以 PCF 相同的方式发送数据。

HCCA 已基本实现量化 QoS 保证，但还存在以下问题：(1)对业务类型没有规定，因此，在轮询中也没有优先权的规定；(2)参考接控制算法对可变速率业务不适用；(3)参考接纳控制算法中采用最小物理比特，网络效率不高。

1.7.3　IEEE802.116d/eQoS 机制及接纳控制

1. 面向连接的服务和服务类别定义

IEEE802.16d/e 协议的 QoS 机制是通过提供面向连接的服务实现的，SS 一旦进入网络，就会被分配三条管理连接：基本连接，用于传输较短的、实时性高的 MAC 和无线链路控制信息；主管理连接，用于传输较长的、实时性不高的管理信息；第二管理连接，用于传输基于标准的管理信息；SS 还会被分配用于传输数据业务的传输连接，每条连接都有一个 16 比特的 CID(连接标志符)。

传输连接与服务流相关联，服务流的类别决定 SS 请求上行带宽的方式和 BS 上行调度器的行为。IEEE802.16d/e 定义了 4 种业务类别：主动授予服务(UGS)、实时查询服务(rtPS)、非实时查询服务(nrtPS)、尽力而为服务(BE)。

主动授予服务支持周期性、定长分组的固定比特流业务，其关键 QoS 参数为：主动授予大小、授予间隔、推荐授予间隔、可容忍的授予抖动。实时查询服务支持周期性、变长分组的时变比特流业务，其中，BS 向携带该业务的连接提供实时的单播轮询，周期性地为其分配可变带宽，关键 QoS 参数为：建议轮询间隔、可容忍的轮询抖动、最小预留业务速率。非实时查询服务支持非周期、变长分组的非实时变化比特流业务，其中，BS 应有规律地为该业务提供单播轮询，为其分配带宽，关键 QoS 参数为：建议轮询间隔、最小预留业务速率、业务优先级。尽力而为服务支持不需要 QoS 保障的比特流业务,其中,BS 根据网络负载使用单播轮询,为其分配带宽。

2. IEEE802.16d/e 协议的 QoS 框架及交互机制

改进的 IEEE802.16d/e 协议的 QoS 框架如图 1-11 所示。其 QoS 交互机制如下:

(1) 连接建立过程

① 源自 SS 的应用使用 BS 的连接信令,建立连接。在连接请求中包含了应用的业务合约。

② BS 的接纳控制模块接受或拒绝连接。

③ 如果接纳控制模块接受了新连接,它将通知 BS 侧的 UPS 模块,并为 SS 侧的流量整形模块提供令牌桶参数。

(2) 连接建立以后

① 流量整形模块根据连接的业务和约进行流量整形。

② 在每个帧的开始阶段,UPS 的信息模块依据前一帧收集的带宽请求消息,更新调度数据库。

③ 业务分配模块从调度数据库中抽取信息并生成 UL-MAP 消息。

④ BS 在下行子帧中向所有 SS 广播 UL-MAP 消息。

⑤ SS 侧的调度器根据收到的 UL-MAP 消息提取分组进行发送。

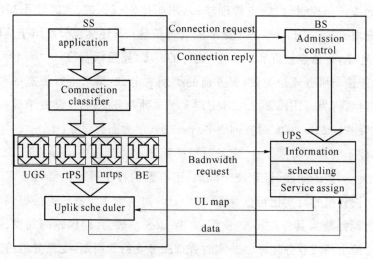

图 1-11　IEEE802.16d/e 协议的 QoS 框架

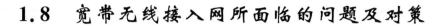

1.8　宽带无线接入网所面临的问题及对策

由于部署便捷、价格低廉、数据速率高等特点,宽带无线接入网正迅速成为"最后一公里"的首选技术之一,目前已经出现了多个宽带无线接入网标准,如WPAN、IEEE802.11 及 IEEE802.16 系列,覆盖了家庭网、局域网到城域网,几乎整个区域的无线/移动通信,用户数不断增加,市场调查机构报告指出,2015 年全球无线宽带用户总数将达 21 亿。在这些宽带无线接入网上,人们对通信的要求也已经从传统的"尽力而为"等数据业务逐渐向高速数据和具有实时性要求的语音、视频等多媒体业务延伸,而且出现了集娱乐与互动于一身的网络新媒体业务,这些有着不同质量要求的新型业务的出现,使得 QoS 技术成为宽带无线接入网的研究热点。与此同时,日益紧张的无线频谱、时变的无线信道和用户的随机移动导致的无线资源的稀缺性和波动性,使得宽带无线接入网提供具有 QoS 保障的业务比有线网络更具挑战性,随着业务量、业务种类快速增加,这一矛盾日益突出,因此,如何在稀缺的、波动的无线资源环境中提供具有 QoS 保障的业务成为宽带无线接入网迫切需要解决的问题。从发展趋势看,下一代的网络将是一个统一的以 IP 分组承载网为基础,并采取多种接入技术的异构、融合的网络,融合/异构是宽带无线接入网的发展方向,要实现异构网络融合,就必须在整个服务期间保证连续的业务QoS,提供端到端的业务,即业务通过不同网络时提供透明的 QoS 保证,同时,还应该保证网络效率最优,考虑到各无线网络之间无线资源具有不同波动性以及资源的稀缺性的特点,动态 QoS 机制是较好的方法之一。

一些目前较流行的宽带无线接入网协议已经定义了 QoS 机制。IEEE802.11MAC 协议定义两种接入机制:基于竞争的分布式协调功能模式 DCF(Distributed Coordination Function)和基于无竞争的点协调功能模式 PCF(Point Coordination Function)。IEEE802.11e 定义了 HCF(混合协调函数),可采用 EDCA(Enhanced Distributed Channel Access)和 HCCA 两种接入机制,IEEE802.16d/e 协议的 QoS 机制是通过提供面向连接的服务实现的。综观现有宽带接入网的 QoS 机制可以看出,总体框架沿袭了 OSI 协议的分层结构,而这样的分层结构应用于无线网络时存在非最优性和非灵活性,不能支撑动态 QoS 机制,因此不能解决 QoS要求与资源提供的矛盾;定义的控制机制主要局限在 MAC 且为静态控制,通过控制媒体或业务接入提供 QoS 保证,没有将业务的 QoS 参数、网络的控制机制与动态的无线资源结合起来,因此不能解决无线资源的稀缺性和波动性与 QoS 提供之间的矛盾;在物理层和链路层虽然已经定义了一些自适应机制,能够很好地跟踪信道变化,提高系统效率,但由于缺乏必要的层间联系,只能做到局部最优,不能达到面向业务的最优。

事实上,宽带无线接入网的 QoS 要求与资源提供的矛盾的解决依赖于对分层结构的改进,建立各个层次及其上的数据平面和控制平面的各种机制的合理联系,使它们协调工作,依赖于它们对可变信道的动态跟踪,实行动态的 QoS 机制。在建立动态 QoS 机制中,跨层设计及优化理论为不同层次之间的控制机制协调工作提供了方法指导,依据这些理论,我们可以基于 OSI 分层结构,建立良好的各层、模块之间的信息反馈方式和优化模型,进行优化或跨层设计,使它们协同工作,最终将业务的 QoS 参数、网络的控制机制与动态的无线资源有机结合,达到提供 QoS 保证的同时,实现系统效率最高。要达到这一目的,需要以下几方面的工作。

(1) 合理的 QoS 框架。要实现动态机制,首先必须从整体结构上合理定义 QoS 分层体系的横向及纵向结构,改进目前 OSI 分层结构不能适应无线通信的状况,采用跨层设计方法,在某些层次间及模块间增加反馈信息,使其在结构上和信息流动上保证业务参数、网络控制、无线资源有机结合,为进一步研究控制算法提供支撑。

(2) 优化的 QoS 映射。QoS 映射将 QoS 参数在不同域或分层结构的不同层间的转换,实现根据业务 QoS 的网络控制,优化的 QoS 映射通过求解各种价值函数的最优解,在保证 QoS 的同时,实现网络效率最优,是解决无线资源稀缺的有效手段之一。

(3) 跨层的 QoS 映射,通过跨层设计及优化,能够将某些联系紧密的层次结合为整体,通过该整体进行 QoS 映射,使之上的 QoS 参数能够直接同时控制多个层次的控制机制,使它们协同工作,实现动态 QoS 机制。

(4) 动态的接纳控制机制。接纳控制根据网络资源和业务需求,在保证现有业务的 QoS 条件下,接纳或拒绝业务请求,从根本上保证 QoS,是最重要的 QoS 控制机制。对于宽带无线接入网来说,由于物理层采用了很多新技术,可以自适应信道变化,基于物理层自适应技术的动态的接纳控制,不仅能跟踪信道变化,还能根据业务要求选择控制机制,不仅能满足 QoS 要求,还能提高系统效率。

基于上述因素,本书研究了宽带无线接入网中动态 QoS 机制,其中包括支持跨层或优化的宽带无线接入网 QoS 框架、优化的 QoS 参数映射、链路层——物理层跨层的 QoS 映射、动态接纳控制四个部分,分别从整体结构、参数映射和关键控制技术研究了宽带无线接入网中动态 QoS 机制。

本章参考文献

[1] Contreras J L,Sourrouilie J L. A Framework for QoS Management[C]. 39th International Conference on Technology of Object-Oriented Language and System. California:Santa Barbara,2003:183-193.

[2] Chunyan Wang,Chen Khong Tham,Yuming Jiang. A Framework of Integrating Network QoS and End System QoS[C]. IEEE International Conference on Communication,2002:1225-1229.

[3] Dermler G,Fiederer W,Barth I. A Negotiation and Resource Reservation Protocol (NRP) for Configurable Multimedia Applications[C]. IEEE International Conference on Multimedia Computing and Systems. Tokyo,1996:113-116.

[4] 刘韵洁,张云勇. 下一代网络服务质量技术[M]. 北京:电子工业出版社,2005.

[5] Bong Chan Kim,Youngchul Bang, Yongi Kim. A QoS Framework Design Based on Diffserv and SNMP For Tacitical Networks[J]. IEEE Military Communications Conference 2008,2008:1-7.

[6] Ito Y,Tasaka S. Quantitative Assessment of User-Level QoS and its Mapping[J]. IEEE Transactions on Multimedia,2005,7(3):572-584.

[7] Al-Kuwatiti M,Kyriakopoulos N,Hussein S. QoS Mapping:A Framework Model for Mapping Network Loss to Application Loss[C]. 2007 IEEE International Conference on Signal Processing and Communications,2007:1243-1246.

[8] Kawadia V,Kumar. A Cautionary Perspective on Cross-Layer Design [J]. IEEE Wireless Communications,2005,2:3-11.

[9] Vineet Srivastava,Mehul Motani. Cross-Layer Design:A Survey and the Road Ahead [J]. IEEE Communications Magazine, 2005, 12:

112-119.

[10] Weiyan Ge,Junshan Zhang,Sherman Shen. A Cross-Layer Design Approach to Multicast in Wireless Networks[J]. IEEE Transactions on Wireless Communications, 2007,6(3):1063-1072.

[11] Lau V K N,Meilong Youjian Liu. Cross Layer Design of Uplink Multi-Antenna Wireless Systems with Outdated CSI[J]. IEEE Transactions on Wireless Communications, 2006,5(6):1250-1253.

[12] Weilian Su. Cross-Layer Design and Optimization for Wireless Sensor Networks[C]. the Seventh ACIS International Conference on Software Engineering, Artificial Intelligence, Networking,, and Parallel/ Distributed Computing (SNPD2006):1-7.

[13] Jack L,Burbank,William T. Kasch. Cross-Layer Design for Military Nerworks[C]. IEEE MILCOM,2005,3(10): 1912-1918.

[14] Jie Chen,Tiejun Lv,Haitao Zheng. Cross-layer Design for QoS Wireless Communications[C]. ISCAS,2004:217-220.

[15] Sanjay Shakkottai,Theodore S. Rappaport. Cross-Layer Design for Wireless Networks[J]. IEEE Communications Magazine, 2003,10:74-80.

[16] Eric Setton,Taesang Yoo,Xiaoqing Zhu. Cross-Layer Design of AD HOC Networks for Rral-Time Video Streaming[J]. IEEE Wireless Communications, 2005,8:59-65.

[17] Mihaela van der Schaar,Murat Tekalp. Integrated multi-objective cross-layer optimization for wireless multimedia transmission[C]. IEEE International Symposium on Circuits and System,2005,4: 3543-3546.

[18] Dimi G,Nicholas D,Sidiropoulos,Ruifeng Zhang. Medium Access Control-Physical Cross-Layer Design[J]. IEEE Signal Processing Magazine, 2004 (9):40-50.

[19] Taesang Yoo,Eric Setton,Xiaoqing Zhu. Cross-Layer Design for Video Screaming over Wireless ADHOC Networks[C]. IEEE 6th Workshop on Multimedia Signal Processing:99-102.

[20] Ian C Wong,Zukang Shen,Brian L. Evans. A Low Complexity Algo-

rithm for Proportional Resource Allocation in OFDMA Systems[C]. SIPS:1-6.

[21]　Cheong Yui Wong，Roger S Cheng，Khaled Ben Letaief. Multiuser OFDM with Adaptive Subcarrier，Bit，and Power Allocation[J]. IEEE Journal on Selected Areas in Communications，1999，17(10): 1747-1758.

[22]　Xin Huang，Sui-li FENG，Hong-cheng Zhuang. Cross-Layer Fair Resources Allocation for Multi-Radio Multi-channel Wireless Mesh Networks[C]. WiCOM，2009:1-5.

[23]　Qingwen Liu，Shengli Zhou，Georgios B. Giannakis. Cross-layer combining of adaptive modulation and coding with truncated ARQ overwireless links[J]. IEEE Transactions on Wireless Communication，2004，3(5):1746-1755.

[24]　Xin Wang，Qingwen Liu，Georgios B. Analyzing and optimizing adaptive modulation coding jointly with ARQ for QoS-guaranteed traffic [J]. IEEE Trans. on Vehicular Technology，2007，56(2):710-720.

[25]　Liu Q，Zhou S，Giannakis G B. Queuing with Adaptive Modulation and Coding over Wireless Links: Cross-layer Analysis and Design[J]. IEEE Trans. Wireless Commun，2005(4):1142-1153.

[26]　Wuttipong Kumwilaisak，Y. Thomas Hou，Qian Zhang. A Cross-Layer Quality-of-Service Mapping Architecture for Video Delivery in Wireless Networks[J]. IEEE Journal on Selected Areas in Communications，2003，21(10):1685-1698.

[27]　Mung Chiang，Steven H，Robert Calderbank. Layering as Optimization Decomposition: A Mathematical Theory of Network Architectures [C]. Proceedings of the IEEE，2007，0018-9219(1):255-312.

[28]　程鹏.基于凸优化理论的无线网络跨层资源分配研究[D].杭州:浙江大学,2008.

[29]　IEEE 802. 11 WG. Draft Supplement to Part 11: Wireless Medium Access Control (MAC) and physical layer (PHY) specifications:

MAC Enhancements for QoS [S]. IEEE Std 802. 11e/D4. 3, May,2003.

[30] Yang Xiao,Haizhong Li. Voice and Video Transmissions with Global Data Parameter Control for the IEEE 802. 11e Enhance Distributed Channel Access[J]. IEEE Transactions on Parallel and Distributed Systems，2004,15(11):1041-1053.

第 2 章

分级跨层设计的宽带无线接入网QoS架构

2.1 引　言

现有宽带无线接入网的 QoS 框架沿袭了 OSI 分层结构及内部管理结构。分层结构应用于无线网络存在以下两个问题:(1)非最优性,分层的方法不允许在各层之间分享信息,而每一层有关网络的信息都是不充分的,在带宽紧缺的无线网络中,某个因素往往会对好几个层次产生影响,因此,分层设计的网络协议无法保证在整个网络中是最优的;(2)非灵活性,在传统的分层方法中,协议层是要求能在最坏的情况下运行而设计的,没有适应环境变化的能力,这就必然导致频谱与能量的使用效率低下。为了保证服务质量,同时提高网络效率,宽带无线接入网采用跨层设计的 QoS 框架是必然的趋势,跨层的 QoS 框架中层次间如何连接形成整体,跨层的整体功能与原分层的功能如何划分,跨层信号如何传递是其中的关键问题。

本章针对上述问题,考虑到在端到端网络中,无线信道信息反馈到链路层、IP层及其上各层将导致信号流向混乱和处理延时、各层次与无线信道的紧密程度、各层次内部的 QoS 实现机制以及网络的地域组织形式,提出了一种新的具有链路独立层、链路独立-链路依赖的业务接口、链路依赖层的分级跨层结构的宽带无线接入网 QoS 框架,并给出了各分级内及接口的 QoS 管理结构及模块功能,规定了框架中信号的流向。其中,物理层和无线链路层构成的链路依赖层实现链路对信道的自适应,IP层及其上的各层构成链路独立层将业务 QoS 参数映射到链路独立-链路依赖的业务接口,同时,无线资源由该接口映射到链路独立层,实现了端到端的自适应,信号流向简单,处理时延减小,也给出了基于队列模型的优化 QoS 映射,提高了资源利用率。仿真结果表明优化映射和跨层设计使系统容量明显提高。

2.2 宽带无线接入网中的QoS架构研究现状

图 2-1 示出了 Internet 的 QoS 分层结构[1],这一结构应用于宽带无线接入网存在以下缺陷:(1)完全的分层结构,不能适应动态 QoS 机制的要求;(2)将网络层、链路层、物理层合为一体,作为最底层,这主要是由于有线链路的链路质量较稳定,且资源相对丰富,很少需要根据链路质量进行动态控制,而宽带无线接入网中业务质量却恰恰受到无线资源的较大影响,因此,有必要对该结构进行跨层设计和对链路层、物理层进行 QoS 管理结构定义。

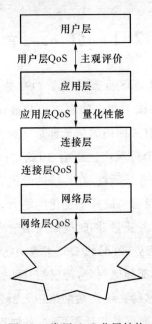

图 2-1 常用 QoS 分层结构

改进的宽带无线接入网的 QoS 架构研究已有很多成果,主要有以下几类。

(1) 本章参考文献[1]、[2]、[3]、[4]、[5]等,对 QoS 分层架构作出改进,采取构建中间件、在传输层或 IP 中增加新的子层等方法,适应无线链路时变特征和高误码率及移动性特点。

(2) 本章参考文献[6]、[7]、[8]、[9]、[10]、[11]、[12]等,在 IP 层上,分别构建了战术网的 QoS 架构、自适应的端到端 QoS 架构和具有带宽重配置的端到端

QoS 架构以及 UMTS 之上的端到端的 IP 无线网络架构,其主要目的是对 IPQoS 管理结构中增加或修改一些控制模块,以适应无线链路,支持端到端 QoS。

(3) 本章参考文献[13]、[14]、[15]、[16]、[17]、[18]、[19]、[20]、[21]、[22]、[23]、[24]等,分别研究了调度、链路自适应、信道及源模型、物理层自适应技术(功率控制与自适应天线、帧长、差错控制、处理增益、信源编码、信道编码等)、队列策略、统计复用等链路层及物理层的 QoS 机制,讨论了采用这些机制或它们的结合对 QoS 的支持。

(4) 本章参考文献[25]、[26]、[27]、[28]、[29]等分别给出了 3G、WLAN、IEEE802.16d/e 的 QoS 管理结构及控制机制。

(5) 本章参考文献[30]、[31]、[32]、[33]、[34]、[35]、[41]提出了针对移动性管理或异构融合的 QoS 架构,以支持无缝漫游。

(6) 本章参考文献[36]、[37]、[38]、[39]、[40]、[41]、[42]等对带宽借用策略、调度及接纳控制策略进行了研究。

上述文献针对各种具体问题对 QoS 架构和算法提出了一些改进,但总的说来,仍存在以下几方面的问题。

(1) 分层结构:以上这些文献虽然增加 OSI7 层协议中各层之间的联系,但仍然沿袭 OSI 分层结构,并且只对 QoS 架构的某一方面进行了改进,或研究 IP 层之上的结构或机制,或讨论网络层以下的链路层、物理层的 QoS 控制机制,IP 层之上部分与 IP 层之下部分分离,前者屏蔽无线链路特征,业务控制不能自适应网络条件,后者忽略了屏蔽了用户及上层业务,导致网络控制与业务分离,因而不能在提供 QoS 保证的同时,优化网络效率。缺乏克服了分层缺陷、能够由信道信息和业务质量共同控制网络的 QoS 框架,是目前宽带无线接入网中存在的一大问题。

(2) 跨层或优化策略:由于沿袭 OSI 分层结构,而有线资源较丰富,上述文献中,少有 IP 层之上的优化策略,又由于没有通用接口的定义,导致几乎没有通用的优化策略。在 IP 层之下,上述文献中由于没有定义支撑动态 QoS 机制的链路层、物理层的 QoS 管理结构,使得跨层或优化技术大多只能局限于提高频谱效率、优化网络资源,不能将业务 QoS 保证和资源提供协调、统一,做到面向业务的、全系统的最优,且算法不具有通用性。

(3) 自适应机制与 QoS 保证的非关联:目前宽带无线接入网在链路层及物理层采用了较多的自适应技术,由于没有相应的 QoS 管理结构支撑,使得这些自适应技术在 QoS 保证中不能发挥作用。

2.3 分级跨层设计的宽带无线接入网 QoS 架构

2.3.1 分级架构

在宽带无线接入网中,对于 OSI7 层协议采用跨层设计,形成自适应服务质量和无线链路特性的 QoS 架构是不二选择。然而跨层的 QoS 框架中层次间如何连接形成整体、跨层的整体功能以及与原分层的功能如何划分、跨层信号如何传递是目前尚未解决的问题。考虑到现有 QoS 技术的主要服务对象在地域上主要为核心网,在形式上主要为有线网络,其主要内容是 IP 层及之上的 QoS 技术,长期的研究使得这些技术能够有机联系、相互匹配达到较好的质量保证效果,但是,宽带无线接入网动态 QoS 机制的重要因素——无线信道及链路信息在现有 QoS 技术中鲜有考虑,使得这些技术在宽带无线接入网中无法自适应网络状态,若将无线信道及链路信息反馈到 IP 层及之上的所有层及相应的 QoS 技术,势必导致信号流向混乱,时延过大,因此,考虑将 IP 层之上的所有层联合起来作为 QoS 框架的一个分级,无线信道及链路信息只通过单一接口反馈到这个整体,这样上层 QoS 技术既利用了链路信息,又不致信号混乱,我们把这个分级叫作链路独立层,进一步考虑到无线链路的 QoS 参数与上层 QoS 参数描述区别较大、无线链路的 QoS 参数具有即时性、无线链路的 QoS 技术与上层 QoS 技术有很大不同等特点,在这个IP 层及之上的整体结构与无线链路之间设置一个接口,用以处理无线链路信息,这样,这个结构就与无线链路没有直接联系了,我们把这个分级叫作链路独立层。另一个分级结构为链路依赖层,由链路层和物理层跨层设计得到,构成这个分级的原因如下:对于无线链路与信道,大多数宽带无线接入协议都将二者结合起来考虑,信道信息到链路的反馈无处不在,对二者采用跨层设计不仅可以简化信号流向、降低反馈时延,使链路协议更好地自适应预信道变化,而且,特别重要的是,将链路层信息作为到链路独立层反馈信息,由于其粒度大于信道信息粒度,反馈信息得到大大简化;另外宽带无线接入协议的设计及实现方法为该跨层设计提供了物理基础。

为实现端到端业务 QoS 保证,本章提出了一种新的具有链路独立层、链路独立-链路依赖的业务接口、链路依赖层的分级跨层结构的宽带无线接入网 QoS 框架,并给出了各分级内及接口的 QoS 管理结构及模块功能。其中,物理层和无线链路层构成的链路依赖层实现链路对信道的自适应,由 IP 层及其上的各层构成链路独立层,将业务 QoS 直接映射到链路独立-链路依赖的业务接口,同时,无线资源由该接口映射到链路独立层,信号流向简单,处理时延减小,且实现了端到端的自适应。仿真结果表明本文提出的分级跨层设计的 QoS 架构资源利用率明显优于分层结构。

如图 2-2 所示为具有链路独立层、链路独立-链路依赖的业务接入点、链路依赖层的 QoS 架构,链路独立层包含用户层、应用层、传输层、网络层,链路依赖层包含链路层和物理层,链路独立业务接入点采用 QID(队列编号)(如图 2-3 所示)的方式。

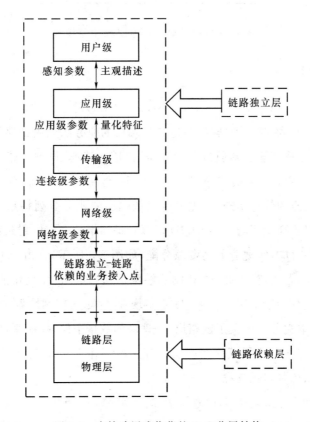

图 2-2 支持跨层或优化的 QoS 分层结构

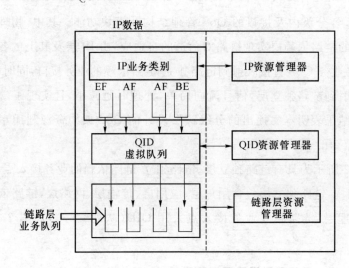

图 2-3　宽带无线接入网 LI-SAP 结构

2.3.2　LI-SAP

　　LI-SAP(Link Independent-Service Access Point)的工作原理为：IP 层数据平面的业务队列由 IP 资源管理器控制,链路依赖层的业务队列由链路层资源管理器控制,链路层资源管理器控制通过监视链路、信道等特征,得到链路资源分布状态并将其与 QID 对应,形成 QID 资源管理器,IP 业务与链路业务映射通过 QID (Queue Identifier)的管理实现：首先将链路依赖层的业务队列抽象为具有透明的公共接口的虚拟队列 QID,然后由 QID 资源管理器根据一定映射规则,将 IP 业务与虚拟队列一一对应,实现业务的资源分配(如图 2-3 所示)。由于 QID 资源管理器由链路、信道状态决定,因此,IP 控制能够跟踪动态链路,在链路独立层内,通过 IP-传输、传输-应用、应用-用户映射,最终实现业务 QoS 控制跟踪动态无线资源。在链路依赖层,本文分别定义了链路层、物理层的数据平面、控制平面、管理平面及其功能模块,并定义了功能模块在跨层设计下的工作方式及 QoS 交互机制,为链路依赖层的动态控制提供支撑。

　　上述过程可见,物理信道信息只反馈到链路层,便于快速反馈和处理,整个链路依赖层信息通过链路独立-链路依赖接口缓存,仅与链路独立层 IP 缓存交换信息,信号流向简单,处理时延较短。在链路独立层,各层不进行跨层设计,业务参数通过各层接口映射到 IP,通过链路独立-链路依赖接口实现自适应利用物理资源。

2.4　链路层/物理层跨层的 QoS 管理结构

为了支持链路层/物理层跨层设计,提出了链路层及物理层 QoS 管理结构及模块功能。链路层逻辑平面和功能部件如图 2-4 所示。链路层采用三平面结构——管理平面、控制平面、数据平面,带箭头的线表明了各模块间的控制关系,管理平面、控制平面的功能模块如表 2-1、表 2-2 所示,管理平面主要对业务信息、链路信息、协议信息、业务级别协商信息进行管理,这些信息送入控制平面,由控制平面的资源管理模块和接纳控制模块做出控制决策,控制平面的资源管理模块不仅受链路信息模块、业务级别协商模块、可编程 MAC 模块这些业务信息和移动性管理这些同层模块的控制,还接受物理层信息模块的控制,能够将业务信息和链路信息以及物理信道信息结合,实现跨层的、自适应的资源分配,将资源分配信息送到接纳控制模块,最终实现动态资源下的业务质量保证,并使网络效率达到最优。

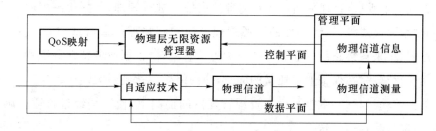

图 2-4　链路层 QoS 逻辑架构

表 2-1　链路层管理平面功能模块的作用

	功能
业务发现模块	通过各种测量机制发现业务
策略模块	决定接入协议类型(如 802.11 或 16 等),控制业务级别协商模块
业务级别协商	实现业务级别协商,控制接纳控制、资源管理、可编程 MAC 等
物理层信息	来自物理层,反馈到控制平面和数据平面的每个模块

表 2-2 链路层控制平面功能模块的作用

	功能
接纳控制模块	接受业务级别协商模块输出的业务级别,将映射的 QoS 参数与资源管理模块分配的资源比较,根据一定策略做出接纳判决,对业务 QoS 进行保证,输出用于控制数据平面的分类器
资源管理模块	受业务级别协商模块、移动性管理模块、物理层信息模块、可编程 MAC 模块的控制,根据链路质量和业务要求动态分配无线资源。其输出控制控制平面的接纳控制及数据平面的链路成形、队列及调度等模块
可编程 MAC 模块	根据业务级别、物理层信息及链路质量,控制 MAC 参数
移动性管理模块	对移动性进行管理

　　链路层的数据传输过程为:数据依次通过分类器、链路成形器、队列、调度等送到物理层。同时,链路成形器、队列、调度模块的信息又反馈到链路信息模块,再送到资源管理模块,指示资源使用状态。其中,除分类器外,数据平面的各功能部件都受资源管理模块和物理层信息控制,可采用多种自适应技术。

　　物理层也采用三平面结构,图 2-5 所示,管理平面、控制平面的功能模块如表 2-3、表 2-4 所示,管理平面主要对物理信道信息进行管理,包括检测到的信道状态、调制编码模式等,控制平面的资源管理模块受到物理信道信息和 QoS 映射模块的控制,将来自链路层的业务特征与物理信息结合,根据业务特征分配物理资源并采用优化算法,在保证业务质量的同时,使网络效率达到最大。

　　数据传输过程为:数据平面在资源管理器的控制下,使数据经过自适应调制、编码等,经过物理信道送出。

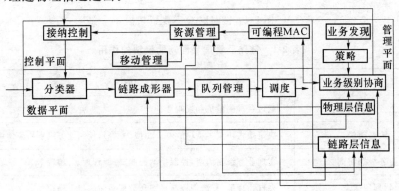

图 2-5　物理层 QoS 逻辑架构

表 2-3 物理层管理平面功能模块的作用

	功能
物理信道测量模块	测量信道信噪比等
物理信道信息模块	包含信道容量、信道状态、AMC 制式、编码格式、天线模式

表 2-4 物理层控制平面功能模块的作用

	功能
物理层资源管理模块	根据物理层信息和链路层的业务类别信息动态分配功率、子载波、比特等物理资源

2.5 QoS 交互机制

如图 2-6 所示为分级跨层设计的 QoS 框架中采用的集中式接纳控制 QoS 交互机制。在业务请求的同时,应用业务的类别通过 QoS 模块映射到链路层并获得相应的链路层业务参数,接纳控制根据当前网络资源和策略决定是否接纳。在请求回复中,业务请求方获得协商的业务级别,请求方的分类器将业务分类,被接纳的业务由调度器结合信道条件进行调度,选择合适的 MAC 参数传输到物理层,同时,链路层 QoS 参数映射到物理层,物理层选择合适的 AMC 及其他自适应技术,得到所需信道容量及误比特率进行发送。图 2-7 所示为采用分布式接纳控制的 QoS 交互机制,QAP 的资源管理器根据保存的各类参数计算业务的可用剩余时间,QSTA 根据剩余时间和本站参数对实时业务进行接纳控制,对数据业务,根据业务类型和本地资源编程 MAC。

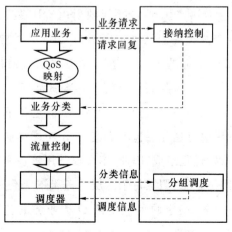

图 2-6 集中式 QoS 交互机制

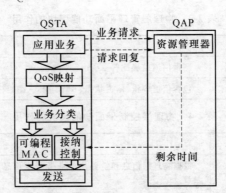

图 2-7　分布式 QoS 交互机制

2.6　链路独立层及链路独立-链路依赖接口优化的 QoS 映射

链路独立层内存在用户级-应用层、应用层-传输层、传输层-IP 层的 QoS 映射，除用户级-应用层的映射外，其他映射都可归纳为与链路独立-链路依赖接口相似的队列模型，基于队列模型的优化 QoS 映射可归纳为条件受限的优化。以资源消耗最小为目标，以丢包率和时延为限制条件，可建立如下优化模型。

2.6.1　优化模型的建立

在链路独立层内，上层业务 QoS 与下层映射由 QID 控制，下层资源分布已由资源管理器确定，QID 资源管理器已确定资源与 QID 的对应关系，假定下层业务类别为：$\{q:1 \leqslant q \leqslant Q\}$，类 q 的丢包率为 l_q，相应的资源消耗为 p_q，若 $l_1 \geqslant l_2 \geqslant \cdots \geqslant l_Q$，则 $p_1 \leqslant p_2 \leqslant \cdots \leqslant p_Q$，假定上层业务类别为 M，各有 $N_1, N_2, \cdots, N_M$ 个包，M 类上层业务映射到 Q 类下层业务上，为简便，假定每下层业务包恰含有 1 个上层包，假定业务质量用包时延和丢包率描述，在不考虑排队、调度等因素时，包时延主要由丢包导致的重发过程组成，因此，本文仅采用丢包率作为 QoS 指标。

假定发送者已知网络状态，假定每个上层业务类的丢包率须小于 $P_m, m = 1, 2, \cdots, M$，考虑第 m 类业务，假定映射到全部 Q 类业务的包数量分别为 $k_{1m}, k_{2m}, k_{3m}, \cdots, k_{Qm}$，则其消耗的资源为：

$$\pi(k_1, k_2, \cdots, k_{Q-1}) = (k_{11} + \cdots + k_{1M})p_1$$
$$+ (k_{21} + \cdots + k_{2M})p_2 + \cdots + (k_{Q1} + k_{QM})p_Q \qquad (2\text{-}1)$$

对 m 类 IP 业务,其丢包率为:

$$k_{1m}l_1 + k_{2m}l_2 + \cdots + k_{Qm}l_Q \qquad (2\text{-}2)$$

资源消耗最小的优化映射问题可描述为:

$$^{\mathrm{opt}}(k_{11}, k_{21}, \cdots, k_{Q1}, \cdots, k_{1M}, k_{2M}, \cdots, k_{QM})$$
$$= \mathrm{argmin}\,\pi(k_{11}, k_{21}, \cdots, k_{Q1}, \cdots, k_{1M}, k_{2M}, \cdots, k_{QM}) \qquad (2\text{-}3)$$

$$受限于: \begin{cases} k_{11} + k_{21} + \cdots + k_{Q1} = N_1 \\ \quad\vdots \\ k_{1M} + k_{2M} + \cdots + k_{QM} = N_M \\ N_1 + N_2 + \cdots + N_M = N \\ k_{11}l_1 + k_{21}l_2 + \cdots + k_{Q1}l_Q \leqslant P_1 \\ \quad\vdots \\ k_{1M}l_1 + k_{2M}l_2 + \cdots + k_{QM}l_Q \leqslant P_M \end{cases} \qquad (2\text{-}4)$$

2.6.2　优化模型的求解

上述优化问题是一个线性整数优化问题,可采用线性规划、拉格朗日条件极值求解,但须先对实数域求解,再寻求近似整数解,比较烦琐。采用搜索法不失为一种好方法。

假定 $(k_{11}^i, k_{21}^i, \cdots, k_{Q1}^i), \cdots, (k_{1M}^i, \cdots, k_{QM}^i)$ 为上层业务-下层业务的一组可能映射,则:

$$k_{j,m}^i \leqslant N_m \quad 且\ j = 1, 2, \cdots, Q \qquad (2\text{-}5)$$

遍历所有的 i,对每一组 $(k_{11}, k_{21}, \cdots, k_{QM}), \cdots, (k_{1M}, k_{2M}, \cdots, k_{QM})$,计算相应的目标函数值和代价函数值,其中满足式(2-3)、式(2-4)的解即为所求。

2.7　仿真及验证

2.7.1　优化映射对资源利用率的提高

假定采用本文分级跨层设计的某系统,链路独立层对接口输出 IP 业务,假定 [0 T]内有 A、B 两类 IP 业务到达,分别有 4 个、8 个 IP 包,现有 4 类无线业务,A、

B 类业务可映射到 4 类无线业务上,且每个 IP 包组成一个无线包,4 类无线业务的
丢包率和资源消耗函数分别为:

$$l_q = 0.1/q \quad (q = 1,2,3,4) \tag{2-6}$$

$$p_q = 0.5 \times (q-1) + 2 \tag{2-7}$$

A、B 类业务的最大丢包率为 0.04 及 0.03,由本文优化算法可得资源消耗最
小时,IP 业务-无线业务的映射为:

$$k_{11} = 0, k_{21} = 1, k_{31} = 3, k_{41} = 0, k_{12} = 0, k_{22} = 0, k_{32} = 4, k_{42} = 4$$

任取一组满足丢包率要求的映射,如:

$$k_{11} = 0, k_{21} = 1, k_{31} = 1, k_{41} = 2, k_{12} = 0, k_{22} = 0, k_{32} = 3, k_{42} = 5$$

表 2-5 比较了总误帧率和资源消耗,可见在分级跨层设计框架下,采用优化映
射方法,在保证业务质量的同时,资源消耗降低了 5%。

表 2-5 优化映射与平均映射比较

	业务承载		丢包率	资源消耗
满足丢包率的其他映射	$k_{11} = 0, k_{21} = 1, k_{31} = 1, k_{41} = 2,$	$k_{12} = 0, k_{22} = 0, k_{32} = 3, k_{42} = 5$	A:0.0333 B:0.0281	39
优化映射	$k_{11} = 0, k_{21} = 1, k_{31} = 3, k_{41} = 0,$	$k_{12} = 0, k_{22} = 0, k_{32} = 4, k_{42} = 4$	A:0.0375 B:0.0292	37.5

2.7.2 跨层设计对资源利用率的提高

以 IEEE802.11e 的 HCCA 为物理传输系统,采用 MATLAB 仿真。为了方
便,以语音业务和视频流代替 IP 包。采用 4 个站点(a\b\c\d),一个 AP 的系统进
行接纳控制仿真,QAP 轮询顺序为 a\b\c\d。假定每个站点都可知信道状态且能
进行子载波比特分配,每个站点都有三类业务(语音、视频、数据),各类包长分别为
80 B、500 B、1 000 B,每站在某一时刻,只发送某一个类中的 1 个流,语音为恒定比
特流,视频为可变比特流,参数如表 2-6 所示的语音(B)、视频(A/B/C)及数据流。
信标帧间隔 2 s,SI 为 100 ms,无竞争期与竞争期的比例为 1:1。流传输起始于语
音,其后每隔 3 s 到达一个语音流,视频流起始于 1 s 后,其后每隔 3 s 到达一个视
频流,为 A、B、C 中的任一种,这里先假定视频流为恒定比特流,为使其均匀分布,
采用各站轮流循环产生视频 A、B、C 的方法,图案见表 2-6,数据流起始于 2 s 后,其

后每隔 3 s 到达一个数据流。

OFDM 子载波上的比特分配见本章参考文献[42],得到未采用和采用比特分配技术的 32 Mbit/s 和 40 Mbit/s 两种传输速率。业务流接入由接纳控制实现。

图 2-8 表明,采用子载波比特分配比未采用子载波比特分配的系统接纳的全部业务流多 10 个,且晚 3 s 进入饱和状态,这是由于前者通过比特分配,提高了数据传输速率,网络容量增加所致。图 2-9 表明,前者接纳的 a 站全部语音流的数量比后者多 1 个,且晚进入饱和状态 3 s,图 2-10 表明前者接纳的全部数据流比后者多 1 个,且由于数据传输速率的提高,按总带宽的 10% 预留机制,出借完带宽后,前者比后者多 1 个数据流,且下降较慢。

表 2-6 视频流产生模式

站点	轮次			
	1	2	3	…
a	A	B	C	…
b	C	A	B	…
c	B	C	A	…
d	A	B	C	…

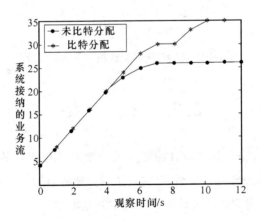

图 2-8 采用比特分配系统接纳的业务流比较

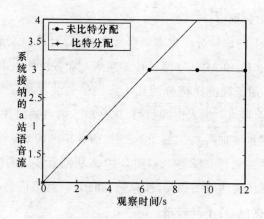

图 2-9　比特分配系统接纳的 a 站语音流

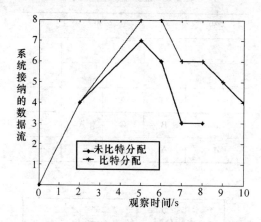

图 2-10　比特分配系统接纳的数据流比较

2.8　结　　论

　　本章提出了基于分级跨层设计的宽带无线接入网 QoS 架构,分级的跨层设计使得信号流向简单,处理时延减小,且实现了端到端的自适应。仿真表明基于队列模型的优化 QoS 映射和跨层设计使系统效率明显提高。

本章参考文献

　　[1]　Cai Wenyu,Yang Haibo. A Hierarchical QoS Framework for Wireless

Multimedia Network〔C〕. International Conference on Communications, Circuits and Systems, 2008, 25-27 (5): 732-736.

[2] Han-Sol Park, Da-Hye Choi, You-Hyeon Jeong. A CMQ Middleware Architecture for Multimedia Application in Ubiquitous Environment 〔C〕. The 8th International Conference on Advanced Communication Technology, 2006, 20-22(2): 1341-1345.

[3] Pragad A D, Kamelt G, Pangalos P. A Combined Mobility and QoS Framework for Delivering Ubiquitous Services〔C〕. IEEE 19th International Symposium on Personal, indoor and Mobile Radio Communication 2008, 15-18 (9): 1-5.

[4] Carlos T, Calafate Pietro Manzoni, Malumbres M P. A novel QoS framework for medium-sized MANETs supporting multipath routing protocols〔C〕. 11th IEEE Symposium on Computers and Communications (ISCC'06), 2006, 26-29(6): 213-219.

[5] Toni Janevski. QoS Framework for Wireless IP Networks〔C〕. TELSIKS 2003: 112-116.

[6] Bong Chan Kim, Youngchul Bang, Yongi Kim. A QoS Framework Design Based on Diffserv and SNMP for Tacitical Networks〔C〕. IEEE Military Communications Conference 2008, 2008, 16-19(11): 1-7.

[7] Mahmoud Naghshineh. Marc Willebeek-LeMair. End-to-End QoS Provisioning in Mltimedia Wireless/mobile Networks Using an Adaptive Framework〔J〕. IEEE Communications Magazine, 1997(11): 72-81.

[8] Mei Yanga, Yan Huanga, Jaime Kimb, An End-to-End QoS Framework with On-Demand Bandwidth Reconfiguration〔C〕. 21th INFOCOM 2004, 2004, 3: 2072-2083.

[9] Tuoriniemi A, Eriksson G A P, Karlsson N. QoS Concepts for IP-based Wireless System〔C〕. Third International Conference on 3G Mobile Communication Technologies, 2002(5): 229-233.

[10] Skorin-Kapov L, Huljenic D. Analysis of End-to-End QoS for Networked Virtual Reality Services in UMTS〔J〕. IEEE Communications Magazine, 2004(4): 49-55.

[11]　Moon B, Aghvami H. RVSP Extensions for Real-Time Service in Wireless Mobile Networks [J]. IEEE Communications Magazine, 2001(12):52-59.

[12]　Huiqing Wang, Kin Choong Yow. A QoS Framework to Support Integrated Services in Multihop Wireless Networks with Infrastructure Support[C]. IEEE International Performance, Computing and Communications Conference, 2007(4):1-8.

[13]　Jayanthi K, Dananjayan P. Integrated QoS Framework for Maximizing Throughput in Cellular Mobile Networks[C]. International Conference on Wireless and Optical Communication Networks, 2006:0-5.

[14]　Vandalore B, Raj Jain, Sonia Fahmy. A QuaFWiN: Adaptive QoS Framework for Multimedia in Wireless Networks and its Comparison with other QoS Frameworks[C]. Conference on Local Computer Networks, 1999(10): 88-97.

[15]　Bruvold K, R Mudumbai, Madhow U. A QoS Framework for Stabilized Collision Channels with Multiuser Detection[C]. IEEE International Conference on ommunications, 2005, 1(5):250-254.

[16]　Dong Won Ryu, Young Yong Kim. Modeling and Analysis of AF Service with Correlated Source and Channel Dynamics[C]. Vehicular Technology Conference, 2002. Proceedings. VTC 2002-Fall. 2002 IEEE 56th . 2002 (9):2475-2479.

[17]　Brown K, Suresh Singh. A Network Architecture for Mobile Computing[C]. INFOCOM'96 , 1996 , 3(3):1388-1396.

[18]　Mercado A, Liu K J R. Adaptive QoS for Mobile Multimedia Services over Wireless Networks[C]. IEEE International Conference on Multimedia and Expo, 2000, 1(2):517-520.

[19]　Chien C, Srivastava M B, Jain R. Adaptive Radio for Multimedia Wireless Links[J]. IEEE Journal on Selected Areas in Communications, 1999, 17(5):793-813.

[20]　Chan E. Hong X. Analytical Model for An Assured forwarding Differentiated Service over Wireless Links[C]. IEEE Proceedings on Com-

munications，2001,148(2):19-23.

[21] Chaskar H M. Madhow U. Statistical Multiplexing and QoS Provisioning for Real-Time Traffic on Wireless Downlinks[J]. IEEE Journal on Selected Areas in Communications，2001,19(2):347-354.

[22] Andrews M，Kumaran K，Ramanan K. Providing Quality of Service over a Shared Wireless Link[J]. IEEE Communications Magazine，2001(2):150-154.

[23] Takahata K，Uchida N，Shibata Y. QoS Control of Multimedia Communication over Wireless Network[C]. Proceedings of the 22th International Conference on Distributed Computing Systems Workshops (ICDCSW'02),2002(2):336-340.

[24] Chaskar H M，Madhow U. Statistical Multiplexing and QoS Provisioning for Real-Time Traffic on Wireless Downlinks[J]. IEEE Journal on Selected Areas in Communications，2001,19(2):347-354.

[25] Sen S，Arunachalam A，Basu K. A QoS Management Framework for 3G Wireless Networks[C]. Wireless Communication and Network Conference 1999，1999,3(9):1273-1277.

[26] Pattara-Atikpm W，Krishamurthy P. Distributed Mechanisms for Quality of Service in Wireless Lans[J]. IEEE Wireless Communications，2003(6):26-34.

[27] Yi-Ting Mai,Chun-Chuan Yang,Yu-Hsuan Li. Cross-Layer QoS Framework in the IEEE 802. 16 Network[C]. ICACT2007，2007(2):2090-2095.

[28] Yu-Jung Chang,Feng-Tsun Chien,C.-C. Jay Kuo. Delay Analysis and Comparison of OFDM-TDMA and OFDMA under IEEE 802. 16 QoS Framework[C]. GLOBECOM 2006，2007(1):1-6.

[29] Hui-Lan Lu，Faynberg I. An Architectural Framework for Support of Quality of Service in Packet Networks[J]. IEEE Communications Magazine，2003(6):96-105.

[30] Young-June Cho. ALL-IP 4G Network Architecture for Efficient Mobility and Resource Management[J]. IEEE Wireless Communications，2007(4):

42-46.

[31] Xia Gao,Gang Wu,Toshio Miki. QoS Framework for Mobile Hetero-
      geneous Networks[C]. IEEE Conference on Communications, 2003,2
      (5):933-937.

[32] Ribeiro L Z, Dasilva L A. A Framework for the Dimensioning of
      Broadband Mobile Networks Supporting Wireless Internet Services
      [J]. IEEE Wireless Communications, 2002(6):6-13.

[33] Naghshineh M,Schwartz M. Distributed Call Admission Control in
      Mobile/Wireless Networks[J]. IEEE Journal on Selected Areas in
      Communications, 1996,14(5):711-717.

[34] Aljadhai A, Znati T F. Predictive Mobility Support for QoS Provisio-
      ning in Mobile Wireless Environments[J]. IEEE Journal on Selected
      Areas in Communications, 2001,19(10):1915-1930.

[35] Jayanthi K,Dananjayan P. Integrated QoS Framework for Maximizing
      Throughput in Cellular Mobile Networks[C]. International Confer-
      ence on Wireless and Optical Communication Networks,2006:0-5.

[36] Xiaowen Wu, Yeung K L. Efficient Channel Borrowing Strategy for
      Real-Time Services in Multimedia Wireless Networks [J]. IEEE
      Transactions on Vehicular Technology, 2000,49(7):173-1284.

[37] Andrews M, Kumaran K, Ramanan K. Providing Quality of Service
      over a Shared Wireless Link[J]. IEEE Communications Magazine,
      2001(2):150-15.

[38] El-Kadi M, Olariu S, Abdel-Wahab H. A Rate-Based Borrowing Scheme
      for QoS Provisioning in Multimedia Wireless Networks[J]. IEEE Transac-
      tions on Parallel and Distributed Systems, 2002,13(2):156-166.

[39] Dan Han,Hu Guang-min,Cai Lu. Multiobjective Optimal Secure Rou-
      ting Algorithm Using NSGA-Ⅱ[C]. CIS 2008,1343-1347.

[40] Zhenwen Shao, Madhow U. A QoS Framework for Heavy-tailed Traf-
      fic over the Wireless Internet[C]. MILCOM 2002, 2002,2(10):1201-
      1205.

[41] Misic J, Bun T Y. Adaptive Admission Control in Wireless Multime-

dia Networks Under Non-uniform Traffic Conditions[J]. IEEE Journal on Selected Areas in Communications，2000，18(11):2429-2442.

[42] Zeng ju-ling，Xie bing. An Improved Admission Control for HCCA in 802. 11e WLAN[C]. 2008 11th International Conference on Communication Technology Proceedings，Zhejiang，China.

第3章
宽带无线接入网中优化的QoS映射

3.1 引 言

在端到端的 QoS 机制中，QoS 参数要经过接入网—核心网—接入网，用户层—物理层—用户层的传输，由于分层结构的各层控制机制和粒度不同，在层对等通信中，业务依次到达各层时，业务类别和 QoS 参数需要转换，选择相应业务类别和粒度，如应用级的业务到达 IP 级，根据应用级业务要求分别对应到 IP 层的期望业务、保证业务、尽力而为业务，由于控制粒度的改变，应用级的误帧率需转换为 IP 级的丢包率，且误帧率不等于丢包率。QoS 类别和参数在分层结构的不同层间的这种转换称为垂直映射，QoS 参数的准确、合理的映射是执行 QoS 控制、保证业务质量、提高网络效率的基础。

宽带无线接入网中，业务 QoS 要求多样性，无线资源的动态和稀缺的矛盾要求 QoS 映射不仅要保证业务质量的最终实现，还要求同时提高网络效率，因此，优化、动态的映射方法成为宽带无线接入网中重要的研究问题[1,2,3,6,45]。

在第 2 章提出的分级跨层设计的 QoS 架构中，将其分为链路独立层、链路独立—链路依赖业务接入点和链路依赖层。在链路独立层中，由于不考虑链路特性，QoS 映射的效率主要通过优化方法实现而不考虑实时动态，优化的途径主要是不同层间业务类别的动态映射或业务类别与参数结合的动态映射，以达到保证 QoS 的同时，占用资源最少，或占用一定量的资源时，业务质量达到最好[1,2,3,6,45]。本章深入研究了链路独立层内用户级—应用级、应用级—IP 级、IP 级—链路级优化的 QoS 映射。在用户级—应用级映射中，提出了基于最大似然估计的主观量化方法和基于最佳判决的最优多重衰减线性映射方法,使映射误差达到最小,在应用级—IP 级,提出了基于线性规划和模板映射的分层编码到 IP 业务映射,不仅解决了业务类别间的映射,还能具体确定各帧映射的业务,在 IP 级—链路级优化的 QoS 映射中,提出了结合效率最优和映射误差最小的链路带宽分配策略,双重优化使得在性能和效率上都能得到保证。

3.2　基于跨层优化的多媒体业务的客观评价（用户级—应用级优化的 QoS 映射）

3.2.1　研究背景

多媒体业务是宽带无线接入网主要发展方向。用户级业务质量由用户主观感受表示,如:优、良、满意、差、劣。为了对网络进行控制,提供用户满意的业务,必须将主观感受量化。传统的量化方法为 MOS(mean opinion score),基本原理是将主观感受量化为五级:5、4、3、2、1,分别对应优、良、满意、差、劣质量,由大量测试者的

主观等级进行平均得到业务的最终质量等级,$N = \dfrac{\sum\limits_{i} i n_i}{\sum\limits_{i} i}$。该方法应用于多媒体

传输时存在以下缺点:①只有适用于语音或图像的分级,没有适用于多媒体业务的分级;②影响多媒体业务质量因素太多,导致测试者很难得到正确的主观分级;③主观结果来自大量观察者,遵从相应的统计规律,等级的升序排列使得更能反映业务质量的统计本质的统计数学难以应用,结果不够精确。在本章参考文献[7]、[8]中,比较判别法利用统计规律来克服 MOS 级别的模糊性。本章参考文献[8]提出了一个较好的心理学方法,采用成对比较和统计方法确定级别间的间隔尺度,其中,一对包含了所有可能出现的音视频对作为多媒体业务样本传给实验参与者用以评判质量,通过多次重复,可得到质量好的比例,该比例遵从高斯分布,因此,统计方法用来计算间隔尺度,最后用最小均方误差估计获得主观评价[9],但是,最小均方误差估计由于忽略了已知的统计信息,变得很复杂,所以,本文提出了低复杂度的最大似然估计来获得主观评分。

主观测试具有价格昂贵、浪费时间、不能在线监测等缺点,因此,客观测试迅速

发展起来,语音的客观质量评价方法分为两类:基于信号和基于参数或者基于插入或非插入[10,11]。其中,非插入比如数字水印得到广泛研究,这些方法由于在评价与网络间没有建立联系,不能用于基于网络场景的在线监测或评价。本章参考文献[12]给出了一个叫作 KPI 的方法,将业务评价与网络关联,可以用于在线评价,由于 KPI 选择每一层的业务度量而不是仪器特征作为关键元素,这导致评价不能与网络直接关联,在线控制仍然不能实现。对于图像,一些更一般的方法如下:①基于原始像素与失真像素之间距离的评价;②基于信噪比;③基于人工视觉。本章参考文献[12]、[13]、[14]提出了类似于 KPI 的跨层方法,但仍然难以实现在线监控。

为了获得端到端的质量支持,本文提出了一种新的客观质量评价方法,采用从应用层的主元素值到用户层主观评分的跨层优化映射。首先,对用户层,提出了低复杂度的主观评价的最大似然估计;接着对应用层给出了基于最高负载的主元素优化选择方法;最后,对用户级主观评价与应用级主元素值之间的映射,提出了基于最大似然判决的多重线性衰减优化映射方法,将主观评价用应用级的主元素值的线性组合表示。该映射准确度高、实现简单,计算和仿真显示其性能优于以前的方法。

3.2.2　成对比较判别、间隔量化及最大似然估计

（1）成对比较判别

以音频-视频流对代表多媒体业务,在不同网络条件下多次输出,每次都由许多观察者比较该次与其他各次的质量,对其中任一流,假定对 i 次,主观评分为 s_i,若

$$s_j - s_i > 0 \tag{3-1}$$

则判第 j 次质量更优。对多个观察者测试结果进行统计,得到第 j 次质量优于第 i 次的比例 p_{ij}。这种测试方法有两个优点:①采用音频-视频成对数据流代表多媒体业务的质量,使质量判断能够分类进行,避免了同时考虑影响多媒体业务质量的多种因素,简洁可行;②比较判断比直接判断结果更为准确,且方便量化。

（2）间隔量化

令 s_i, s_j 分别为第 i, j 的心理测试得分,则 s_i, s_j 分别为均值为 S_i, S_j、标准差为 σ_i, σ_j 的正态分布,同理,$s_i - s_j$ 也为正态分布,则

$$S_i - S_j = Z_{ij}\sigma_{ij} \tag{3-2}$$

其中 σ_{ij}，Z_{ij} 分别是 $s_i - s_j$ 的标准差和 p_{ij} 的标准正态偏差（即在标准正态分布上，相应于 p_{ij} 的横坐标值，如 $p_{ij} < 0.5$，则 $Z_{ij} < 0$，如 $p = 0$，则 $Z_{ij} = -\infty$，如 $p = 1$，则 $Z_{ij} = \infty$），若设 $\sigma_i = \sigma_j = $ 常数，且相互无关，则

$$S_j - S_i = Z_{ij}\sqrt{2\sigma}$$

忽略倍数关系，则

$$S_j - S_i = Z_{ij}$$

（3）最大似然估计

由于 $s_i - s_j$ 为正态分布，由最大似然估计可得：

$$S_j - \frac{1}{n_j}\sum_{i=1}^{n_j} S_i = \frac{1}{n_j}\sum_{i=1}^{n_j} Z_{ij} \tag{3-3}$$

其中，n_j 是 Z_{ij} 不为 0 的数量，令 $S_1 = 0$，即 S_1 为源点，则式（3-4）为可解矩阵方程。

$$S_{j,1} - \frac{1}{n_j}\sum_{i=1}^{n_j} S_i = \frac{1}{n_j}\sum_{i=1}^{n_j} Z_{ij} \tag{3-4}$$

解式（3-4）可得 $S_{j,1}$ 作为 S_j。为避免 S_j 出现负值，令 $S_{j,1}$ 中的最小值为源点，重新求解式（3-4），S_j 作为最终的主观量化值。

3.2.3 多重衰减线性映射方法的基本原理

令 S' 表示由应用级参数估计得到的用户级主观评分，则由多重衰减线性映射原理可得：

$$S' = \beta_0 + \beta_1 x_1 + \beta_2 x_2 + \cdots \tag{3-5}$$

其中，x_i 是相互无关的应用级 QoS 参数，称为预测变量；β_i 是相应的系数。预测变量是线性无关的、负载率最高的应用级参数，其选取方法如下。

1. 应用级参数分类

应用级参数的类别及数值由应用设备决定，与设备用途（如音频、视频等）及设备的传输方式（如同步、异步等）有关，对于同步多媒体设备一般可采用如下 9 个 QoS 量度：（1）c_a，c_v，音、视频输出信号间隔的方差，用以描述平滑度；（2）R_a，R_v，音、视频输出信号的媒体数据单元的平均速率；（3）E_a，E_v，视频信号的流内同步均方误差；（4）L_a，L_v，音、视频信号的丢包率；（5）E_{int}，流间同步均方误差，通过对实验或仿真样本采样的相关函数的计算可获得这些参数的相关性。本章参考文献[4]计算了这些数值，分为 3 个相关类：（1）R_a，$R_v L_a$，$L_v c_v$；（2）E_a，$E_v E_{int}$；（3）c_a。这些参数类内高度相关，类间相关较小。

2. 主成分分析法

对于上述 9 个参数计算其关联矩阵 A，然后计算最大特征值和特征矢量 λ_1、V_1。令 $L = [R_a \quad R_v \quad L_a \quad L_v \quad c_v \quad E_a \quad E_v \quad E_{int} \quad c_a]$，$x_1 = V_1 L$，则 x_1 为第一主要成分。令 $B = A - \lambda_1 V_1 V'_1$，求出 B 的最大特征值和特征矢量，$x_2 = V_2 L$，则 x_2 为第二主要成分。选取 x_1、x_2 为预测变量，则：

$$S'' = a_0 + a_1 x_1 + a_2 x_2 \tag{3-6}$$

3. 选择应用参数作为预测变量

主成分包含了所有应用变量，作为预测变量不方便，因此，在主成分中，选择负载最大的应用变量作为预测变量。假设在上述三类参数中，1 类中 c_v 在第一主要成分中负载最大，则选择 c_v；假设 2 类中 E_{int} 在第二主要成分中负载最高，则选择 E_{int}，但考虑到质量互补，也可选择负载次高的 E_a；由于 3 类中 c_a 与前两类相关性不大，且第三主要成分贡献率较低，故忽略。在选择了预测变量之后，采用曲线拟合的方法，可得

$$S'' = \beta_0 - \beta_a E_a - \beta_v C_v \tag{3-7}$$

3.2.4 基于最大似然判决的用户级—应用级优化的 QoS 映射

在上节的多重衰减线性映射中有以下缺陷：(1)式(3-7)中的线性因子映射的是主观评分结果的平均值，并非实时评分值，事实上，主观评分是高斯分布的随机变量；(2)式(3-7)中的线性因子是采用确知函数的曲线拟合的方法得到的。这两个问题中，由于忽略了主观评分的统计特性，所以准确度较差。针对这一问题，本文在曲线拟合的基础上，考虑本章参考文献[10]的统计量化方法，根据最大似然判决原理，对线性映射因子进行调整，得到最优的映射因子。

1. 采用成对比较、间隔量化的主观评分的均值置信期间

由 3.2.2 节可知，采用成对比较、间隔量化的主观评分，s_i 符合均值为 S_i，方差为 σ_i 的高斯分布，由于主观测试的场景、观察者及重复次数都具有随机性，因此其均值是随时间变化的，假设置信度为 $1 - \alpha$，则置信区间为

$$S_i - z_{a1} < S_i < S_i + z_{a2} \tag{3-8}$$

其中 z_{a1}、z_{a2} 分别为高斯曲线上对应概率 $0.5 - \alpha/2$、$0.5 + \alpha/2$ 的点。

2. 对线性映射因子的修改

在式(3-7)中，预测变量的选取是根据应用级参数间的相关性以及以此为基础的主要元素分析法得到的，因此在这里不做修改。

为了简便,在式(3-7)的线性映射关系中,不修改预测变量的权重因子,仅对其常数项进行修改,假设 β_0 的变化与主观评分的均值变化等同,在 $[S_i - z_{a1}, S_i + z_{a2}]$ 上均匀变化,步长值为 $(z_{a2} - z_{a1})/k$,则多重衰减线性映射关系为

$$S''(k,i) = \beta_0 \pm i \frac{z_{a2} - z_{a1}}{k} - \beta_a E_a - \beta_v C_v \tag{3-9}$$

其中,k 为任意正整数,$i \leqslant k/2$。由于 S_a, S_v 服从 $N(S_i, \sigma_i)$,因此可用最佳接收原理,从式(3-9)中选择合适的 i,使线性映射的值与主观评分值间误差最小,即

$$i = \mathrm{argmin}(S - S'') \tag{3-10}$$

3. 最优线性映射因子选择

由于主观评分 s 服从高斯分布,因此,当假定所有的观察过程方差为 1 时,其似然函数可分别描述为:

$$f_{S_a''(k,i)}(s) = \frac{1}{\sqrt{2\pi}} \exp\left(-\frac{(s - S''(k,i))^2}{2}\right) \tag{3-11}$$

假定式(3-9)中,i 取任一正整数的概率相等(即先验等概),由最大似然准则可知,对音频流,当

$$f_{S_a''(k,i)}(s_a) > f_{S_a''(k,j)}(s_a) \qquad i \neq j, j = 1, 2, \cdots \lfloor k/2 \rfloor \tag{3-12}$$

则 $S''(k,i)$ 能使式(3-10)满足,因此是最优映射因子。

将式(3-9)、式(3-11)代入式(3-12)进一步化简可得,当

$$\left| s_i - S_i''(k,i) \right| < \left| s_i - S_i''(k,j) \right| \qquad i \neq j, j = 1, 2, \cdots \lfloor k/2 \rfloor \tag{3-13}$$

$S_a''(k,i)$ 是最优映射因子。

最优线性映射因子选择框图如图 3-1 所示。

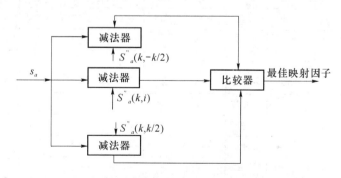

图 3-1 最佳线性因子选择图

3.2.5 计算及仿真

这里引用了本章参考文献[8]中的一些数据。在本章参考文献[8]中,表 3-1中的左边 9 列来自网络,那里,媒体服务器、媒体用户、负载产生器、负载接收器通过路由器连接以太网,音乐片段的音频、视频分别采用 μ 和 MPEG1 编码方式。在不同的负载下,音视频流对重复提供给观察者。观察者做出比较判决和间隔尺度,本文采用最大似然估计得到用户级参数的量化如表 3-1 的最右列,与本章参考文献[8]相同,但过程较简单,表中的"NC"指没有网络控制,"VTR"指媒体同步控制。本章参考文献[8]采用主要成分分析法及元素的相关性和负载率分析,得到了该业务的多重衰减线性映射关系为:

$$S^{'} = 2.415 - 0.003\,65E_a - 0.729C_v \tag{3-14}$$

本文假定主观评分的均值置信度为 0.95,则 $S_i \in [S_i - 0.13, S_i + 0.13]$,假定 $k = 11$,以表 3-1 中的主观评分为观察结果,将式(3-14)的参数代入式(3-13),对表 3-1 中的不同控制条件和网络负载条件,采用图 3-1 所示系统,对线性映射因子进行优化,结果示于图 3-2 中。图中虚线为采用了同步控制的观测值、本章参考文献[8]中的观测值、本文的优化映射值,实线为未采用同步控制的观测值、本章参考文献[8]中的观测值、本文的优化映射值,可以看到,本文的优化映射方法更接近主观观测值。

表 3-1　主观量化评分

	i		1	2	3	4	5	6	7	8	Subjective score
j		method	NC	NC	NC	NC	VTR	VTR	VTR	VTR	
	method	load	3.00	3.15	3.30	3.45	3.00	3.15	3.30	3.45	
1	NC	3.00	0.00	0.13	0.67	—	−1.04	−1.28	−1.04	0.13	1.248
2	NC	3.15	−013	0.00	0.67	0.67	—	−1.28	—	0	1.072
3	NC	3.30	−0.67	−0.67	0.00	1.28	—	—	—	0.39	0.883
4	NC	3.45		−0.67	−1.28	0.00	—	—	—	—	0.000
5	VTR	3.00	1.04	—	—	—	0.00	0.13	1.28	—	2.698
6	VTR	3.15	1.28	1.28	—	—	−0.13	0.00	0.13	—	2.387
7	VTR	3.30	1.04	—	—	—	−1.28	−0.13	0.00	—	1.985
8	VTR	3.45	−0.13	0	−0.39	—	—	—	—	0.00	0.898

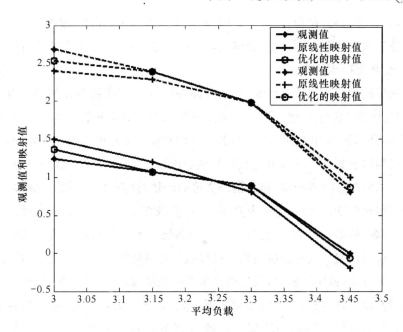

图 3-2　优化映射与多重线性映射比较

3.3　基于线性规划和模板映射的分层编码到 IP 业务映射（应用级—IP 层优化的 QoS 映射）

3.3.1　研究背景

IP 层提供两种 QoS 模式——综合业务和差分业务，由于综合业务对每流进行处理，导致负担过重，差分业务模式越来越得到重视。随着 INTERNET 的迅速发展，其中的视频通信越来越多，如可视电话、视频会议等，视频传输得到了广泛研究，视频业务—IP 差分业务映射存在以下问题：(1)静态映射，根据业务特征选择固定的差分业务类型，如语音选用 PS、视频选择 AS 业务等；(2)分离映射，业务类别映射与参数映射各自独立进行。业务类别的静态选择和与参数映射分离的缺点导致资源利用率低下，从而进一步导致业务质量下降，在资源相对稀缺和波动性较大的无线网络中，这种缺陷尤其显得突出，因此，优化的应用——IPQoS 映射逐步得到重视。

事实上,近年来,在音、视频业务中,出现了压缩编码、分层编码等技术,使得同一业务分为多个子业务,可映射到不同的网络业务上,而不是原来的全部映射到确保业务上,从而提高效率。

压缩编码对同一图像序列编码为不同的帧(如 MPEG 系列,I 帧为帧内编码,P帧和 B 帧为帧间编码,P 帧采用前向预测编码,B 帧采用双向预测编码),再组合为图像组(GOP),如 IBBPBBPBB,根据 I、P、B 帧对视频质量的影响程度不同,可映射到不同级别的业务上,同时,由于 I、P、B 帧的压缩比不同,要求的数据率也不同,可以采用不同的业务类别传输,避免网络资源的浪费,提高效率,同时保障 QoS。

分层编码(MPEG2)定义一个基本层、一个及多个增强层,基本层可以独立编码、传输和解码,以获得基本的图像质量,增强层的编解码均需依赖于基本层或低一层增强层的数据。这种分层编码可以根据信道特征采用累进式传输,即:若链路比特率差异较大,速率较低时,只传输基本层的数据流;速率较高时,可传一个或多个增强层数据流,以获得更高的图像质量;当信道恶化时,放弃或减少增强层的数据传输;因此,分层编码流的不同层可映射到不同的业务类别,避免因采用硬性QoS 保证(如按最高速率传输),而导致资源浪费,网络利用率低下。

根据视频流压缩编码和分层编码特点进行优化映射的研究已经有了一些成果。本章参考文献[1]提出了误帧率最小且满足一定价值限定的视频包—差分业务的优化映射方法,通过合理选择映射到不同业务级别的包数量,使得视频业务的误帧率最小,且满足一定的价值限定,在业务质量和资源利用率上达到了较好的折中,但是,在映射中没有考虑业务优先权,没有考虑丢包的排列及映射与视频质量的关系,而这两个因素对视频业务的影响却很大。本章参考文献[2]基于差分业务概念,采用基于(m,k)模板的映射方法,根据 QoS 的不同,将 I 帧、B 帧分别映射到不同质量级别的业务中,从而在保证 QoS 的前提下,提高网络效率,但是,(m,k)模板中的参数仅由视频编码方式确定,且仅考虑了高低两种质量的业务,没有达到性能或效率最优。

针对上述问题,本文研究了 MPEG 压缩编码—IP 优化映射。首先根据编码对业务质量的影响程度,为其粗略指定 IP 差分业务类别,然后对 B、P 帧—IP 映射,建立优化模型,求得误帧率最小、资源利用率满足要求时各类 IP 业务容纳的包数,最后根据(m,k)模板确定每个视频包映射的业务类,仿真表明,在本节的映射规则下,视频失真和资源消耗都减小了。

3.3.2 MPEG 编码及相应的业务类别

MPEG 视频压缩是针对运动图像的压缩技术,常见的标准有 MPEG-1、MPEG-2、MPEG-4、MPEG-7 等,其中 MPEG-1 是最基本的标准,被其他几种标准后向兼容。在这些标准中,为提高压缩比,采用了帧内压缩和帧间压缩技术,其中,MPEG-1 帧内编码采用 JPEG 算法,称为 I 帧,帧间编码分别采用前向预测编码和双向预测编码,分别称为 P 帧、B 帧,由 I、P、B 帧组成图像组 GOP,常见的 GOP 结构为 IBBPBBPBB。

在一个图像组中,I、P、B 帧的丢失或错误对视频质量的影响是不同的,从编码方式来看,I 帧不必参考其他帧编码,是图像的基本内容,所以对视频质量的影响最大,P、B 帧用来进行运动补偿,对视频质量的影响小于 I 帧。所以,I 帧映射到丢包及时延最小的高级别业务,而 P、B 帧则可映射到丢包及时延相对较大的低级别业务。另外,也可根据 I、P、B 帧不同的压缩比选择映射到不同的业务。I、P、B 帧的压缩比示于表 3-2。

表 3-2 MPEG-1 的压缩性能

图像类型	容量/帧	压缩比
I	18	7:1
P	6	20:1
B	2.5	50:1
平均	4.8	26:1

(注:表中的容量是在假定压缩前彩色数字电视的数据率为 30 Mbit/s 的条件下得到的。)

3.3.3 P、B 帧的优化映射

1. 丢包导致的视频失真分析

对于采用运动补偿的视频编码[1],丢包发生在第 k 帧产生的错误影响为:

$$E_k = \sum_i |\delta f_i|^2 \tag{3-15}$$

其中 δf 为正确的解码信号与错误接收信号之差,由于运动补偿编码,对相邻帧产生的影响可表示为:

$$E_{k+1} = \sum_i n(i) |\delta f_i|^2 \tag{3-16}$$

其中，$n(i)$是第k中损坏的像素影响第$k+1$帧的数目，因此，在IBBPBBPBB格式的MPEG中，对I帧，$n(i)=0$，对P、B帧，分别有：

$$n(i) = 1 \tag{3-17}$$

$$n(i) = 2 \tag{3-18}$$

在相邻I帧间信息足够长时，可假定

$$E_k = E_{k+1} \tag{3-19}$$

压缩视频信号中，I帧的周期间隔为N_I，则第k帧丢失的影响（失真）可表示为：

$$D = \sqrt{(N_I - k)E_k} \tag{3-20}$$

可见，丢包导致的失真与丢包在视频中的位置有关，这将使计算非常复杂，为了简便，以中间位置的丢包作为平均影响，即：

$$D \approx \sqrt{(N_I/2)E_k} \tag{3-21}$$

综合式（3-16）、式（3-17）、式（3-18）、式（3-21）可以看出，P帧丢失与B帧丢失的失真为：

$$D_B = \sqrt{2}\, D_P \tag{3-22}$$

2. 优化模型的建立

假定一个MPEG帧中包含N个P、B帧，其中，P帧数为$N/3$，B帧数为$2N/3$。P、B帧中第i个包丢失对视频业务帧的影响为D_i，假定P、B帧映射为AS业务，AS业务类别可分为$\{q:1 \leqslant q \leqslant Q\}$，类$q$的丢包率为$l_q$，相应的资源消耗为$p_q$。若$l_1 \geqslant l_2 \geqslant \cdots \geqslant l_Q$，则$p_1 \leqslant p_2 \leqslant \cdots \leqslant p_Q$。假定每个包的资源消耗预算为$p_B$，AS业务的每数据包恰含一个P帧或B帧，各类业务容纳的包数按丢包率的上升排列，对P、B帧分别为$k_{1P}, k_{2P}, k_{3P}, \cdots, k_{QP}$和$k_{1B}, k_{2B}, k_{3B}, \cdots, k_{QB}$。在一定资源消耗限定下，P、B帧到这些业务类有多种映射方法，在这些映射中，存在总误帧率最小、视频质量最好的映射。建立优化模型如下：

$$^{\text{opt}}(k_{1P}, k_{2P}, \cdots, k_{QP}, k_{1B}, k_{2B}, \cdots, k_{QB},) = \arg \min_{^{\text{opt}}(k_1, k_2, \cdots, k_{Q-1})} J(^{\text{opt}}(k_{1P}, k_{2P}, \cdots, k_{QP}, k_{1B}, k_{2B}, \cdots, k_{QB}))$$

$$\tag{3-23}$$

假定每一类业务中，每一个丢包对视频业务的影响相同，则

$$J(k_{1P}, k_{2P}, \cdots, k_{QP}, k_{1B}, k_{2B}, \cdots, k_{QB})$$

$$= l_1 \sum_{i=1}^{k_{1P}} D_{1P} + l_2 \sum_{i=1}^{k_{2P}} D_{2P} + \cdots + l_Q \sum_{i=1}^{k_{QP}} D_{QP} + l_1 \sum_{i=1}^{k_{1B}} D_{1B} + l_2 \sum_{i=1}^{k_{2B}} D_{2B} + \cdots + l_Q \sum_{i=1}^{k_{QB}} D_{QB}$$

(3-24)

受限于：

$$\begin{cases} \pi(k_1, k_2, \cdots, k_{Q-1}) = (k_{1P} + k_{1B})p_1 + (k_{2P} + k_{2B})p_2 + \cdots + (k_{QP} + k_{QB})p_Q \leqslant N p_B \\ k_{1P} + k_{2P} + \cdots + k_{QP} = N/3 \\ k_{1B} + k_{2B} + \cdots + k_{QB} = 2N/3 \\ \qquad\qquad D_B = \sqrt{2} D_P \end{cases}$$

(3-25)

3. 优化模型的求解

上述优化问题是一个线性优化问题,可采用线性规划、拉格朗日条件极值求解,但上述问题还是一个整数极值问题,在线性规划、条件极值方法中,须先对实数域求解,再寻求近似整数解,比较烦琐。又由于两相邻 I 帧间只有有限的 P、B 帧,采用搜索法不失为一种好方法。

假定 $(k_{1P}^i, k_{2P}^i, \cdots, k_{QP}^i)$，$(k_{1B}^i, k_{2B}^i, \cdots, k_{QB}^i)$ 分别为 P、B 帧—差分业务的一组可能的映射,则:

$$k_{j,P}^i \leqslant \frac{N}{3} \text{ 且 } j = 1, 2, \cdots, Q$$

(3-26)

$$k_{j,B}^i \leqslant \frac{2N}{3} \text{ 且 } j = 1, 2, \cdots, Q$$

(3-27)

遍历所有的 i，对每一组 $(k_{1P}, k_{2P}, \cdots, k_{QP})$ 和 $(k_{1B}, k_{2B}, \cdots, k_{QB})$，计算相应的目标函数值和代价函数值,其中满足式(3-26)和式(3-27)的解即为所求。

为提高搜索速度,也可按以下步骤进行:

(1) 令 $k_{1P} = k_{2P} = \cdots = k_{QP} = N/3Q, k_{1B} = k_{2B} = \cdots = k_{QB} = 2N/3Q$

(2) 则有:

$$J(k_{1P}, k_{2P}, \cdots, k_{QP}, k_{1B}, k_{2B}, \cdots, k_{QB}) = \frac{N(l_1 + l_2 + \cdots + l_Q)(1 + 2\sqrt{2})D_P}{3Q}$$

(3-28)

$$\pi(k_1, k_2, \cdots, k_{Q-1}) = \frac{N}{Q}(p_1 + p_2 + \cdots + p_Q)$$

(3) 令 $k_{1P} = k_{1P} - 1, k_{QP} = k_{QP} + 1$，则有:

$$J(k_{1P}, k_{2P}, \cdots, k_{QP}, k_{1B}, k_{2B}, \cdots, k_{QB}) = \qquad \text{(3-29)}$$
$$J(k_{1P}, k_{2P}, \cdots, k_{QP}, k_{1B}, k_{2B}, \cdots, k_{QB}) + (l_Q - l_1)D_p$$

$$\pi(k_1, k_2, \cdots, k_{Q-1}) = \frac{N}{Q}(p_1 + p_2 + \cdots + p_Q) + (p_Q - p_1)$$

可以看到,随着大丢包率业务上映射帧数的减少及小丢包率业务上映射帧数的增加,总误帧率减小,而消耗的资源再增加,继续进行类似调整,直至总误帧率最小,而消耗的资源满足限定条件。由于从平均状态开始调整,计算量小于全体搜索。

3.3.4　优化算法的进一步改进——基于模板映射的帧业务确定算法

通过上节算法,可以求出视频质量最好的映射,但是,只能算出各类业务上映射的P、B帧的数量,P、B帧对应业务的排列模式仍然未知,本节采用模板映射的方法确定每个帧对应的业务。

本章参考文献[2]证明,在实时业务中,不仅丢包数量使得 QoS 降级,丢包排列或分布同样使 QoS 降级,一般来说,一个突发中的连续丢包将比分离的丢包使 QoS 降级更多。因此,可以推知:在将 P、B 帧映射到差分业务过程中,若将 P、B 帧连续映射到低级别业务,将导致连续丢包的机会增多,从而使 QoS 降级更严重,因此,相邻的 P、B 帧应映射到不同级别的业务中,即不同级别的业务间隔排列。

基于上述分析,结合上节的计算结果,对于 MPEG-1 的 IPBBPBBPBB 编码,采用模板确定每个帧对应的业务。假定相邻 I 帧间有总共有 N 个 P、B 帧,假定上节的优化算法已确定P、B帧在每类业务上的帧数 $(k_{1P}, k_{2P}, \cdots, k_{QP})$ 和 $(k_{1B}, k_{2B}, \cdots, k_{QB})$,则

$$\Psi = \{\pi_1, \pi_2, \cdots, \pi_N\} \qquad \text{(3-30)}$$

其中 $\psi_i = 1$ 或 2 或 $\cdots$ 或 Q,代表第 i 个帧对应的业务级别。按 $\Psi = \{\pi_1, \pi_2, \cdots, \pi_N\}$ 对 P、B 帧封装,即把 P、B 帧映射到差分业务上。

序列 Ψ 的确定。为保证不同质量级别的业务交叉排列,对 P 帧采用按丢包率升序排列,对 B 帧,第一个 B 帧按丢包率降序排列,第二个 B 帧从中间序号业务开始,按升序或降序排列,即:

$$\psi_P = \{\underbrace{1\square \cdots 1\square 2 \cdots Q\square}_{k_{1P}}\} \qquad \text{(3-31)}$$

$$\psi_B = \{\Box \underbrace{Q\frac{Q}{2}\cdots\Box Q\frac{Q}{2}}_{k_{QB}}\cdots(Q-1)(\frac{Q}{2}\pm 1)\cdots\Box 1Q\} \tag{3-32}$$

对于 I 帧,则映射到 Q 类业务。

3.3.5　计算及仿真

假定一个 MPDEG 的编码流 IPBBPBBPBBPBBI,I、P、B 帧全部映射到 AS 业务,网络提供 4 类差分业务,丢包率和资源消耗函数分别为

$$l_q = 0.1/q \tag{3-33}$$

$$p_q = 0.5 \times (q-1) + 2 \tag{3-34}$$

网络提供的最大资源为 30,假定 B 帧或 P 帧丢失产生的影响相同,一个 B 帧或 P 帧组成一个包,且当一个包丢失时,其中所有像素都损坏,且按照编码规则影响相邻包,对上述周期为 12 的 MPEG 流,用 3.3.4 节中的优化算法可得:

$$k_{1P} = 1, k_{2P} = 3, k_{3P} = 0, k_{4P} = 0, k_{1B} = 0, k_{2B} = 7, k_{3B} = 1, k_{4B} = 0$$

假定未采用优化算法的映射为平均映射,即:

$$k_{1P} = 1, k_{2P} = 1, k_{3P} = 1, k_{4P} = 1, k_{1B} = 2, k_{2B} = 2, k_{3B} = 2, k_{4B} = 2$$

表 3-3 比较了总误帧率和资源消耗。

表 3-3　优化映射与平均映射的总误帧率和资源消耗比较

	业务承载	误帧率	资源消耗
平均映射	$k_{1P} = 1, k_{2P} = 1, k_{3P} = 1, k_{4P} = 1,$ $k_{1B} = 2, k_{2B} = 2, k_{3B} = 2, k_{4B} = 2$	$0.797\,4\,D_P$	33
优化映射	$k_{1P} = 1, k_{2P} = 3, k_{3P} = 0, k_{4P} = 0,$ $k_{1B} = 0, k_{2B} = 7, k_{3B} = 1, k_{4B} = 0$	$0.792\,0\,D_P$	30

其中,D_P 为一个 P 帧丢失产生的失真影响。表 3-3 说明:优化映射比平均映射的总失真小,消耗的资源少。由 3.3.4 节得映射模板为:$\Psi = \{2,3,2,2,$ $2,2,2,2,2,1,2,2\}$,图 3-3 比较了采用模板映射与非模板映射在不同信噪比下的丢包率。

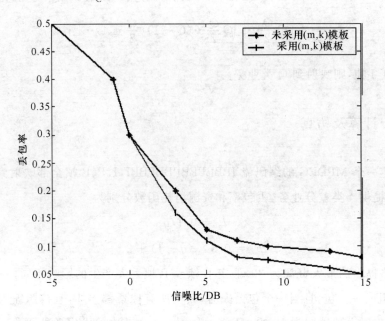

图 3-3   采用模板映射与非模板映射在不同信噪比下的丢包率

3.4   多重 QoS 的区分业务——无线链路的优化映射

3.4.1   研究背景

区分业务是 IP 提供 QoS 的重要方法,宽带无线业务由无线链路接入 IP 核心网络,因此,宽带无线接入网中,区分业务—无线链路的业务映射是十分重要的课题。由于无线资源的稀缺性和波动性,研究能够动态跟踪资源的变化,在保证 QoS 的条件下,提高资源利用率的映射算法,是该映射中的关键问题。本书第 2 章提出了具有链路独立层、链路独立业务接入点、链路依赖层的宽带无线网络的分层结构,在此结构中,IP 业务—无线链路的 QoS 映射即为链路依赖层—链路独立层映射,通过 LI-SAP(link independent-service access point)实现,即:将链路依赖层的业务队列抽象为具有透明的公共接口的虚拟队列,由 QID 实现 IP 业务与虚拟队列的映射,这一映射由控制平面的 QID 资源管理器管理,LI-SAP 中的动态 QoS 映射是通过将业务的 QoS 和无线资源送入 QID,由 QID 进行动态资源分配实现的(如图 2-2 所示)。从图 2-2 可以看出:IP—无线链路的映射可以分为两步:(1)IP业务类别—无线链路的业务类别;(2)无线链路上资源分配与管理。然而,区分业务—无线链路的映射研究处于起步阶段,本章参考文献[16]、[17]给出了基于分层协议栈的 QoS 映射框架以及各层 QoS 参数规范及其映射关系,但仅粗略给出了业务映射结构,本章参考文献[18]、[19]则仅分析了下层丢包率与上层误帧率的参数关系,本章参考文献[20]研究了无线接口上的垂直 QoS 映射,仍然只给出了基于队列级联的业务映射框架模型,本章参考文献[21]以链路独立层、链路依赖层及其之间的接口为基础,提出了基于队列的业务映射管理模型,本章参考文献[22]、[23]基于流统计模型和扰动分析理论,提出了基于最陡下降法的优化带宽分配模型。总地说来,目前对于 QoS 映射中的业务映射只提出了管理框架模型,还没有具体的算法,没有适用于区分业务—无线链路的优化业务映射算法。本文提出了一种新的具有多重 QoS 保证的区分业务—无线链路的优化映射,其中包括两级优化策略:(1)在保证丢包率的条件下,建立线性整数规划模型,采用搜索求解,实现资源消耗最小的区分业务—无线链路业务类别映射;(2)已知类别映射的条件下,基于队列理论,建立丢包率及时延误差最小映射的带宽分配优化模型,采用带宽梯度函数的数值描述,用最陡下降法进行求解并考虑了链路时变对带宽分配的影响。仿真结果表明:本文的优化映射使无线链路提供给区分业务的带宽能够保证总的资源消耗最小以及丢包率和时延映射误差最小,并且能够跟踪链路时变。

3.4.2　资源消耗最小的 IP—无线链路业务类别映射

1. 优化模型的建立

优化目标:在一定的丢包率限制下,实现资源消耗最小的 I 区分业务到无线业务的类别映射。

假定有 M 个 IP 类业务,各有 $N_1, N_2, \cdots, N_M$ 个 IP 包,且已打包完毕,处于发送缓冲器中,M 类 IP 业务映射到 Q 类无线业务上,为研究 IP 业务需求与无线链路资源的关系,忽略排队等待服务时间,假定每无线业务包恰含有 1 个 IP 包,Q 类无线业务特征为:类 $q\{q: 1 \leqslant q \leqslant Q\}$ 的丢包率为 l_q,相应的资源消耗为 u_q,若 $u_1 \leqslant u_2 \leqslant \cdots \leqslant u_Q$,则 $l_1 \geqslant l_2 \geqslant \cdots \geqslant l_Q$。

假定发送者已知网络状态,假定每个 IP 业务类的丢包率须小于 $P_m, m = 1,$ $2, \cdots, M$,考虑第 m 类业务,假定映射到全部 Q 类业务的包数量分别为 $k_{1m}, k_{2m},$ $k_{3m}, \cdots, k_{Qm}$,则其消耗的资源为:

$$J(k_1, k_2, \cdots, k_{Q-1}) = (k_{11} + \cdots + k_{1M})p_1 + (k_{21} + \cdots + k_{2M})p_2 + \cdots + (k_{Q1} + k_{QM})p_Q$$

$$(3-35)$$

对 M 类 IP 业务，其丢包率为：

$$k_{1m}l_1 + k_{2m}l_2 + \cdots + k_{Qm}l_Q \qquad (3\text{-}36)$$

上述 M 个 IP 类业务映射到无线链路的优化问题为：

$$^{\text{opt}}(k_{11}, k_{21}, \cdots, k_{Q1}, \cdots, k_{1M}, k_{2M}, \cdots, k_{QM})$$

$$= \arg\min J(^{\text{opt}}(k_{11}, k_{21}, \cdots, k_{Q1}, \cdots, k_{1M}, k_{2M}, \cdots, k_{QM})) \qquad (3\text{-}37)$$

受限于：

$$
\begin{cases}
k_{11} + k_{21} + \cdots + k_{Q1} = N_1 \\
\qquad\qquad \vdots \\
k_{1M} + k_{2M} + \cdots + k_{QM} = N_M \\
N_1 + N_2 + \cdots + N_M = N \\
k_{11}l_1 + k_{21}l_2 + \cdots + k_{Q1}l_Q \leqslant P_1 \\
\qquad\qquad \vdots \\
k_{1M}l_1 + k_{2M}l_2 + \cdots + k_{QM}l_Q \leqslant P_M
\end{cases}
\qquad (3\text{-}38)
$$

2. 优化模型求解

上述优化问题是一个线性整数优化问题，可采用线性规划、拉格朗日条件极值求解，但须先对实数域求解，再寻求近似整数解，比较烦琐。采用搜索法不失为一种好方法。

假定 $(k_{11}^i, k_{21}^i, \cdots, k_{Q1}^i), \cdots, (k_{1M}^i, \cdots, k_{QM}^i)$ 为区分业务—无线业务的一组可能映射，则：

$$k_{j,m}^i \leqslant N_m \text{ 且 } j = 1, 2, \cdots, Q \qquad (3\text{-}39)$$

遍历所有的 i，对每一组 $(k_{11}, k_{21}, \cdots, k_{QM}), \cdots, (k_{1M}, k_{2M}, \cdots, k_{QM})$，计算相应的目标函数值和代价函数值，其中满足式（3-37）、式（3-38）的解即为所求。

3.4.3 丢包率及时延映射误差最小的无线带宽分配

1. 优化模型

一个无线业务可承载多个不同 QoS 要求的区分业务，多个业务聚合、复用、排队的过程如图 3-4 所示，各 IP 业务分配到的无线带宽即队列的服务速率将影响缓冲器负载，从而影响业务的丢包率和时延，同时，为了保证业务的 QoS，在映射过程中，应保证参数的误差最小，因此，本文提出了保证丢包率和时延映射误差最小的无线带宽分配，并进行了分析。

对 N 个 LI 队列，聚合、复用、排队后有一个 LD 队列服务的模型，可采用图 3-4 所示的统计流模型，其中 $\alpha_i^{LI}(t), \beta_i^{LI}(t), \gamma_i^{LI}(t), \theta_i^{LI}(t), x_i^{LI}(t), l$ 分别是 LI 层第 i 个

缓冲器的输入流、输出流、溢出流、服务速率、缓冲器负载、缓冲器长度，$\alpha^{LD}(t)$，$\theta^{LD}(t)$ 为 LD 层缓冲器的输入流、服务流。流的丢包描述如下：在观察窗口 $[0,T]$，LI 流或 LD 流的累积丢包数为

$$L_V(\theta) = \int_0^T \gamma(\theta,t)\,\mathrm{d}t \tag{3-40}$$

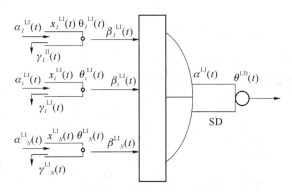

图 3-4　区分业务—无线链路映射的统计流模型

缓冲器在观察窗口 $[0,T]$ 的累积工作负载为

$$Q_T(\theta) = \int_0^T x(\theta,t)\,\mathrm{d}t \tag{3-41}$$

令 $^iL_V^{LI}(\theta^{LI})$ 表示 LI 层第 i 类速率为 θ^{LI} 的业务在 LI 层累积丢包量，令 $^iL_V^{LD}(\alpha^{LD},\theta^{LD})$ 表示 LI 层第 i 类的包在 LD 层分配带宽为 θ^{LD} 时，$[0,T]$ 内累积丢包量，令 $^iQ_T^{LI}(\theta^{LI})$ 表示 LI 层第 i 类包在 LI 层内的累积缓冲工作负载，$^iQ_T^{LD}(\theta^{LD})$ 表示 LI 层第 i 类包在 LD 层内的累积缓冲负载，假定 $^iL_V^{LI}(\theta^{LI})$ 的门限为 $^iL_{V-thr}^{LI}(\theta^{LI})$，$^iQ_T^{LI}(\theta^{LI})$ 的门限为 $^iQ_{T-thr}^{LI}(\theta^{LI})$，则跟踪丢包率门限和时延门限的优化映射问题为

$$^{\mathrm{opt}}\theta^{LD} = \arg\min_{\theta^{LD}\in\mathscr{R}} J(\theta^{LD}) \tag{3-42}$$

其中

$$J(\theta^{LD}) = E\sum_{i=1}^{N}(\,^iL_{V-\mathrm{thr}}^{LI}(\theta^{LI}) - \,^iL_V^{LD}(\theta^{LD}))^2 \tag{3-43}$$

同理可得 LI-LD 时延映射误差最小的优化

$$^{\mathrm{opt}}\theta_T^{LD} = \arg\min_{\theta^{LD}\in\mathscr{R}} J_T(\theta^{LD}) \tag{3-44}$$

其中

$$J_T(\theta^{LD}) = E\sum_{i=1}^{N}(\,^iQ_{T-\mathrm{thr}}^{LI}(\theta^{LI}) - \,^iQ_T^{LD}(\theta^{LD}))^2 \tag{3-45}$$

最优带宽选择。一般说来，$^{\mathrm{opt}}\theta^{\mathrm{LD}} \neq {}^{\mathrm{opt}}\theta_T^{\mathrm{LD}}$，可取

$$^{\mathrm{opt}}\theta^{\mathrm{LD}} = \max({}^{\mathrm{opt}}\theta^{\mathrm{LD}}, {}^{\mathrm{opt}}\theta_T^{\mathrm{LD}}) \tag{3-46}$$

2. 优化模型求解

区分业务的丢包门限及时延门限分别为

$$^{i}L_{V-\mathrm{thr}}^{\mathrm{LI}}(\theta^{\mathrm{LI}}) = \mathrm{PLP}_i \times \int_0^T \beta_i^{\mathrm{LI}}(t)\,\mathrm{d}t \tag{3-47}$$

$$^{i}Q_{T-\mathrm{thr}}^{\mathrm{LI}}(\theta^{\mathrm{LI}}) = \mathrm{AD}_i \times \theta_i^{\mathrm{LI}}(t) - \mathrm{DimPacket} \tag{3-48}$$

其中，PLP_i，AD_i 为业务级别协商，$\mathrm{DimPaket}$ 为剩余包数量，由于以上两项与 θ^{LD} 无关，因此对这类优化问题采用最陡下降法可得

$$\theta_{k+1}^{\mathrm{LD}} = \theta_k^{\mathrm{LD}} - \eta_k \left. \frac{\sum\limits_{i=1}^{N} \partial^i L_V^{\mathrm{LD}}(\theta^{\mathrm{LD}})}{\partial \theta^{\mathrm{LD}}} \right|_{\theta_k^{\mathrm{LD}}} \tag{3-49}$$

$$\theta_{k+1,T}^{\mathrm{LD}} = \theta_{k,T}^{\mathrm{LD}} - \eta_{k,T} \left. \frac{\sum\limits_{i=1}^{N} \partial^i Q_T^{\mathrm{LD}}(\theta^{\mathrm{LD}})}{\partial \theta^{\mathrm{LD}}} \right|_{\theta_{k,T}^{\mathrm{LD}}} \tag{3-50}$$

其中，η_k，$\eta_{k,T}$ 分别为二式的迭代步长，由迭代收敛速率和 LI 与 LD 的丢包率差和时延差决定。由式(3-50)可以看出：只要已知 $\dfrac{\sum\limits_{i=1}^{N} \partial^i L_V^{\mathrm{LD}}(\theta^{\mathrm{LD}})}{\partial \theta^{\mathrm{LD}}}$ 和 $\dfrac{\sum\limits_{i=1}^{N} \partial^i Q_T^{\mathrm{LD}}(\theta^{\mathrm{LD}})}{\partial \theta^{\mathrm{LD}}}$ 就可以分别求出 $\theta_{k+1}^{\mathrm{LD}}$，$\theta_{k+1,T}^{\mathrm{LD}}$。一般来说，初始值可选择 $\theta_0^{\mathrm{LD}} = \theta^{\mathrm{LI}}$。

3.4.4 梯度函数的数值求解

由于累积丢包率和累积工作负载的函数解析式无法求得，本文推导由采样数据计算的方法。对于 LI 层的第 i 个缓冲器的输出、输入关系有：

$$\beta_i^{\mathrm{LI}}(t) = \begin{cases} \alpha_i^{\mathrm{LI}}(t), & x_i^{\mathrm{LI}}(t) = 0 \\ \theta_i^{\mathrm{LI}}(t), & x_i^{\mathrm{LI}}(t) \neq 0 \end{cases} \tag{3-51}$$

一般地，对于任意一个缓冲器的丢包流有：

$$\gamma(\theta,t) = \begin{cases} \max(\alpha(t) - \theta(t), 0), & x(\theta,t) = l \\ 0, & x(\theta,t) < l \end{cases} \tag{3-52}$$

任意一个缓冲器的工作负载的时变特征为：

$$\frac{\mathrm{d}x(\theta,t)}{\mathrm{d}t^+} = \begin{cases} 0 & x(\theta,t) = 0, \alpha(t) - \theta(t) \leqslant 0 \\ 0 & x(\theta,t) = l, \alpha(t) - \theta(t) \geqslant 0 \\ \alpha(t) - \theta(t) & \text{其他} \end{cases} \tag{3-53}$$

可以看出,输入、服务流是分段恒定的正连续函数,缓冲负载是分段线性函数,输出流是分段恒定函数,丢包过程是分段恒定函数。根据缓冲器负载将观察期间 $[0,T]$ 分为忙和非忙期间,表示为 ET 和 BT,假定一个观察期间共有 k 个 BT,对任意 BT_k,分为有丢包和无丢包期间,有丢包期间记为 $\mathrm{OF}_{k,m}$,假定 M_k 为 BT_k 的最大有丢包期间数,由式(3-41)可知,决定忙期间是否丢包的直接因素是缓冲器长度及 $\alpha(t)-\theta(t)$ 的符号,而非 $\theta(t)$,因此,由式(3-52)和式(3-53)可知:

$$\frac{L_V(\theta)}{\partial\theta} = \frac{\partial \sum\limits_{k=1}^{K}\sum\limits_{m=1}^{M_k}\int_{T_{k,m}}(\alpha(t)-\theta(t))\mathrm{d}t}{\partial\theta} = -\sum\limits_{k=1}^{K}\sum\limits_{m=1}^{M_k}T_{k,m} \tag{3-54}$$

其中,$T_{k,m}$ 表示 BT_k 的第 m 个丢包期间的持续时间。

同理由式(3-52)、式(3-53)可得:

$$\frac{\partial Q_T(\theta)}{\partial\theta} = -\sum\limits_{k=1}^{K}\sum\limits_{u=1}^{U_k}T_{k,u}^2 \tag{3-55}$$

其中,U_k 表示 BT_k 中无丢包期间的最大个数,$T_{k,u}$ 表示 BT_k 中第 u 个无丢包的持续时间,只要观察 $[0,T]$ 期间忙期间的有丢包时长及无丢包时长,即可计算相应带宽。

3.4.5　链路层时变对带宽的影响

假定链路层的时变因子为 $\phi(t)$,则链路业务的带宽为:

$$\hat{\theta}^{\mathrm{LD}}(t) = \phi(t)\theta^{\mathrm{LD}}(t) \tag{3-56}$$

$$\theta_{k+1}^{\mathrm{LD}} = \theta_k^{\mathrm{LD}} - \eta_k\phi(t)\frac{\sum\limits_{i=1}^{N}\partial^i L_V^{\mathrm{LD}}(\theta^{\mathrm{LD}})}{\partial\theta^{\mathrm{LD}}}\bigg|_{\theta_k^{\mathrm{LD}}} \tag{3-57}$$

$$\theta_{k+1,T}^{\mathrm{LD}} = \theta_{k,T}^{\mathrm{LD}} - \eta_{k,T}\phi(t)\frac{\sum\limits_{i=1}^{N}\partial^i Q_T^{\mathrm{LD}}(\theta^{\mathrm{LD}})}{\partial\theta^{\mathrm{LD}}}\bigg|_{\theta_{k,T}^{\mathrm{LD}}} \tag{3-58}$$

3.4.6　计算及仿真

1. 优化的业务类别映射

为了比较本文算法和非优化映射算法,本文在 MATLAB 环境下进行了仿真。假定 $[0\ T]$ 内有 A、B 两类 IP 业务分别位于 IP 缓冲器中,分别有 4 个和 8 个 IP 包,现有 4 类无线业务,A、B 类业务可映射到 4 类无线业务上,且每个 IP 包组成一个无线包,4 类无线业务的丢包率和资源消耗函数分别为 $l_q = 0.1/q(q = 1,2,3,4)$, $p_q = 0.5 \times (q-1) + 2$。假定 A、B 类业务的最大丢包率为 0.04 及 0.03,用 3.4.1 节中的优化算法可得资源消耗最小的一组映射为:$k_{11} = 0, k_{21} = 1, k_{31} = 3, k_{41} = 0, k_{12} = 0, k_{22} = 0, k_{32} = 4, k_{42} = 4$,说明当 4 个 A 类 IP 包中分别有 1 个映射到第 2 类无线业务、3 个映射到第 3 类无线业务,8 个 B 类 IP 包中分别有 4 个映射到第 3 类无线业务、4 个映射到第 4 类无线业务时,在保证丢包率下,资源消耗最小。在 MATLAB 环境下,对 A、B 类 IP 业务到无线链路的映射进行了多次模拟,图 3-5 比较了优化映射与随机映射所消耗的资源(资源消耗以带宽表示),可见,优化映射时最小。

2. 优化的带宽分配

为比较丢包率和时延映射误差最小的链路层带宽分配与平均带宽分配产生的丢包率,本文对无线业务 3 进行了研究。假定 A、B 两类业务各有一个缓冲器与无线业务 3 的缓冲器级联,A 类业务的速率为 5.4 kbit/s,B 类业务的速率为 10.8 kbit/s,两类业务都建模为指数分布的 ON-OFF 模型,平均数指数都为 1,A、B 类业务的 IP 丢包率最大不超过 4% 和 3%,IP 包为 80 字节/包;假定 A、B 业务的缓冲器长度恰好满足丢包率要求,A、B 类业务同时到达;假定无线业务 3 的缓冲器长度为 3,且包长为 80 字节,即在忽略开销的条件下,一个 IP 包封装为一个无线包,链路缓冲器被 IP 业务完全共享,服务规则为 FIFO;假定链路层初始业务速率为接近平均速率的 8.1 kbit/s,假定 $\eta_k, \eta_{k,T}$ 为 10,在观察窗口 $[0,10]$,链路衰减因子随时间变化如图 3-6 所示,按指数分布规律多次产生 IP 包,通过上述系统传输,由式 3-57、式 3-58 计算的优化带宽如表 3-4 和表 3-5 所示,并记录每次丢包率。图 3-7 比较了优化带宽和平均带宽下的丢包率,可见,优化带宽下无线链路丢包率逐渐收敛于 IP 业务丢包率,而平均带宽下,无线业务丢包率高于 IP 业务,且不收敛。优化带宽下,无线链路丢包率的变化为:由于初始带宽 8.1 kbit/s 小于 A、B 两类 IP 业务的速率和,当二者同时到达时,有较大丢包率,计算的带宽增大到 12.66 kbit/s,但丢包率仍较大,且由于链路时变因素,在第二、三次迭代中计算的带宽继续增大,到第 4 次迭代时,已无丢包,且缓冲有空闲,所以带宽降至 12.13 kbit/s,到第 5 次迭代,带宽继续减少至 9.10 kbit/s,但丢包率增大,所以迭代至后面的较大带宽,此时已无丢包,但考虑到后面几次的较大带宽实质是由于补偿前面的链路时变损失,所以丢包率映射误差最小的带宽为 12.13 kbit/s。

表 3-4　链路时变带宽 1

iteration	1	2	3	4
Rate(kbit/s)	12. 66	12. 81	16. 98	12. 13
iteration	5	6	7	8
Rate(kbit/s)	9. 10	20. 55	20. 553	20. 55

表 3-5　链路时变带宽 2

	1	2	3	4	5	6	7	8	9
速率 kbit/s	12. 66	12. 81	16. 98	12. 13	9. 10	20. 55	20. 553	20. 55	20. 55

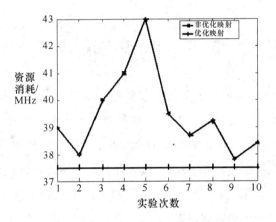

图 3-5　优化映射与平均优化映射资源消耗比较

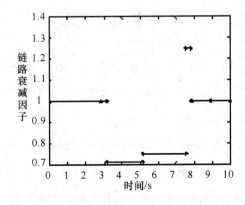

图 3-6　链路衰减因子随时间变化图

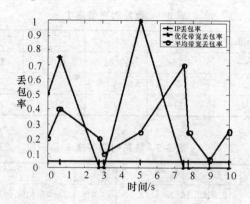

图 3-7 丢包率比较

3.5 本章小结

优化的 QoS 映射是解决业务质量保证与无线资源稀缺性和动态性矛盾的基础,本章提出的链路独立层内用户级—应用级、应用级业务的分类及聚类、应用级—IP 级、IP 级—链路级优化的 QoS 映射,使业务质量和网络效率都有了较大改进,仿真数据证明了这一点。随着宽带接入业务的丰富多样性的发展,优化的 QoS 映射将越来越得到重视,基于业务模型及同时考虑用户满意度和网络效率等优化建模方法将成为下一步的研究热点。

本章参考文献

[1] Fei Zhang, Macnicol J, Pickering M R. Efficient Streaming Packet Video Over Differentiated Services Networks[J]. IEEE Transactions on Multimedia, 2006,8(10):1005-1010.

[2] Song Li, Liu Ai-jun, Ma Yi-fei. An On-board Switch Scheme Based on DiffServ[C]. Fifth International Conference on Software Engineering Research, Management and Applications,2007(9):47-53.

[3] Mario Marchese, Maurizio Mongelli, Raviola A. Management of VoIP and Mission Critical Data Traffic over Heterogeneous Military Net-

works[C]. MILCOM2005，2005，5(10):3251-3257.

[4] Cassandras C G，Wardi Y. Perturbation Analysis and Control of Two-Class Stochastic Fluid Models for Communication Networks[J]. IEEE Transactions on Automatic Control，2003，48(5):770-782.

[5] Marchese M，Mongelli M. Protocol Structure Overview of QoS Mapping over Satellite Networks[C]. IEEE International Conference on Communications ，2008(6):1957-1961.

[6] Al-Kuwaiti M，Kyriakopoulos N，Hussein S. QoS Mapping：A Framework Model for Mapping Network Loss to Application Loss[C]. 2007 IEEE International Conference on Signal Processing and Communications (ICSPC 2007)，2007(11):1243-1246.

[7] Suzuki T，Kutsuna T，Tasaka S. QoE Estimation from MAC-Level QoS in Audio-Video Transmission with IEEE 802.11e EDCA[C]. 2008 IEEE19th International Symposium on Personal，Indoor and Mobile Radio Communications，2008(10):1-6.

[8] Stephen Voran，Andrew Catellier . Gradient Ascent Paired-Comparison Subjective Quality Testing[C]. QoMEX 2009.

[9] Almeida M，Inácio R，Sargento S. Cross Layer Design Approach for Performance Evaluation of Multimedia Contents[J]. IEEE Communications Magazine，2004(4):49-55.

[10] Ito Y，Tasaka S. Quantitative Assessment of User-Level QoS and its Mapping[J]. IEEE Transactions on Multimedia，2005，7(6):572-584.

[11] Thurstone L L. A law of comparative judgment[C]. Psychological Review，1994，101(4):273-286.

[12] Gulliksen H. A least squares solution for paired comparisons with incomplete data[J]. Psychometrika，1956，21(6): 125-134.

[13] Lahouhou A，Viennet E，Beghdadi A. Combining and Selecting Indicators for Image Quality Assesment[C]. ITI 2009，2009(6):261-266.

［14］ Cai L,Ronghui Tu. Speech Quality Evaluation：A New Application of Digital Watermarking[J]. IEEE Transactions on Instrumentation and Measurement，2007,56(2):45-55.

［15］ Campisi P,Carli M,Blind Quality Assessment System for Multimedia Communications Using Tracing Watermarking[J]. IEEE Transactions on Signal Processing，2003,51(4):996-1002.

［16］ Huard J-F,Lazar A A. On QoS Mapping in Multimedia Networks[C]. IEEE Computer Society's International Computer Software and Applications Conference，1997(8):312-317.

［17］ 文浩,林闯,任丰原. 无线传感器网络的 QoS 体系结构[J]. 计算机学报,2009,32(3):432-439.

［18］ Al-Kuwaiti M,Kyriakopoulos N,Hussein S. A Framework for Network Reliability through QoS Mapping between Lower and Upper Layers[C]. International Conference on High-Capacity Optical Networks and Emerging Technologies,2007(11):1-7.

［19］ 梁泉,王元卓. 面向服务 QoS 模型中一种需求映射方法[J],计算机科学,2010,37(5):95-97.

［20］ Marchese M,Mongelli M. Vertical QoS Mapping over Wireless Interfaces[J]. IEEE Wireless Communications,2009,16(4):37-44.

［21］ Marchese M, Mongelli M. Protocol Structure Overview of QoS Mapping over Satellite Networks[C]. IEEE International Conference on Communications,2008(5):1957-1961.

［22］ Marchese M, Mongelli M. Loss and Delay QoS Mapping Control for Satellite Systems[C]. Global Telecommunications Conference, 2006 (12):1-5.

［23］ Cassandras C G,Wardi Y. Perturbation Analysis and Control of Two-Class Stochastic Fluid Models for Communication Networks[J]. IEEE Transaction on Automatic Control, 2003,48(5):770-782.

第 4 章
AMC/ARQ跨层设计及QoS映射

4.1 引 言

在链路依赖层中,控制机制跟踪信道变化,实行动态控制,提高资源利用率,是解决业务 QoS 保证与无线资源稀缺性和波动性的矛盾的有效手段,链路层—物理层跨层设计是最常见的方法之一,它将信道信息、物理层控制机制、链路层机制结合起来整体优化,使其相互弥补,有效地提高了网络效率,其中 AMC/ARQ 跨层设计是效率最高的联合控制策略之一[1],AMC(自适应调制编码)通过自适应信道状态选择 MCS(调制编码制式)增强容量,提高链路利用率,ARQ(自动检错重传)通过链路层的差错控制机制降低丢包率,提高链路效率。如果进一步将二者联合起来跨层设计,依靠 ARQ 在链路层纠错,物理层的误帧率要求降低,AMC 制式升高,系统容量可进一步提高,将 AMC/ARQ 跨层设计用于 QoS 映射将极大地提高系统效率。

AMC/ARQ 跨层设计作为整体与 IP 层进行 QoS 映射,有以下好处:将 AMC/ARQ 跨层设计作为 IP 层以下的整体看待,可充分利用其联合优化提高网络效率的特点,在映射参数中,保证质量的同时,提高效率;同时,由于 AMC/ARQ 跨层设计可同时考虑、协调多个参数(如丢包率、时延等),因此,用于 QoS 映射能同时提供多个 QoS 保证;另外,在该设计中,链路层之上的业务参数可直接控制物理层机制,这样可设计出满足业务要求的无线系统。因此,AMC/ARQ 得到了广泛研究[1,2,3]。

本章提出了基于 OFDM 子载波的 AMC/ARQ 跨层设计及 QoS 映射并对

AMC/ARQ 跨层设计的性能进行了评估。通过建立状态持续时间相等的 OFDM 子信道 FSMC(有限状态 MARKOV 信道),解决了目前基于状态幅度的 FSMC 不能支持 AMC/ARQ 跨层设计的问题,基于此,提出了基于 OFDM 频域子载波的 AMC/ARQ 跨层设计并进行了优化设计,收到了满足时延和丢包率且频谱效率最高的效果,实现了 QoS 跨层映射。由于 OFDM 子信道状态对高速移动的敏感性,本文进一步基于相等持续时间的 FSMM 对跨层设计做出了改进,得到了适应高速移动的 AMC/ARQ 跨层设计。最后以信道 FSMC 为基础,采用内嵌 MARKOV 链方法和队列方法,给出了 AMC/ARQ 跨层设计系统的丢包率、时延评估方法。仿真表明该跨层设计使得系统通过率有较大提高,误比特率有较大下降。

4.2 OFDM 频域子信道 FSMM

4.2.1 研究意义及背景

FSMC(Finite State Markov Channel)采用转移概率矩阵描述相邻时刻信道状态之间的变化关系,是良好的 AMC/ARQ 跨层设计的基础[4]。在 OFDM 系统中,研究 FSMC 具有以下特殊意义:(1)OFDM 具有抗多径衰落、频谱效率高等特点,已被多个标准采用(如 IEEE802.11\802.16,3G 增强技术的下行链路等),作为宽带传输技术,OFDM 频域子信道的 FSMM 研究具有广泛的适用性;(2)OFDM 传输信号的方式为频域并行子载波传输,在其子载波上,可以采用 AMC、BIT 分配等 QoS 控制技术,AMC/ARQ 技术在频域子信道上进行,因此,有必要进行频域子信道的 FSMM 研究;(3) OFDM 的频域并行传输技术虽然提高了抗多径衰落能力,却降低了子载波数据速率,加剧了子信道的时间选择性衰落,随着宽带移动通信对快速移动及高速传输的支持,该效应更加明显,信道状态的快速变化使得基于此子信息的 AMC、HARQ 技术及自适应的资源分配策略性能降低,因此为了保证 AMC/ARQ 跨层设计的性能,应该保证 OFDM 频域子信道状态在一定持续时间内保持不变,其 FSMM 应该根据状态持续时间建立。所以,本节提出了状态持续时间相等的 OFDM 频域子信道 FSMM。

FSMC(有限状态 MARKOV 信道)得到了广泛研究和应用。本章参考文献[4]最早提出了应用于突发噪声信道的 2 状态 Gilbert-Elliott 模型,本章参考文献[5]提出了 Rayleigh 信道相等状态概率的 K 个有限状态 FSMM,本章参考文献[6]

证明了其准确性。这些研究成果有如下特点:基于时域平坦衰落或窄带信号的,信道特征为 Rayleigh 衰落,门限确定采用幅度分布等概法(这与目前很多系统采用功率控制技术的实际不太相符)。对于 OFDM 系统,由于频域子载波并行传输,基于频域子载波的 AMC、资源分配技术以子载波帧长为时间单位,要求 FSMC 的状态持续不小于帧长,显然,采用幅度分布等概法确定状态门限不合适,采用状态持续时间相等法建立频域 FSMM 更为合理;很多研究表明,Nakagami-m 分布能更好地描述移动多径信道的衰落特性,尤其是城市或城郊,这更符合采用 OFDM 的无线接入网的应用环境,因此,采用本文以 Nakagami-m 为 OFDM 时域信道特征。对于基于状态持续时间相等法和 Nakagami-m 信道特征的 FSMC 目前有下列成果:本章参考文献[7]给出了基于状态持续时间 FSMC 模型,但仍然基于 Rayleigh 统计模型;本章参考文献[8]给出了等概 Nakagami-m 信道 FSMM。本节首先给出了 OFDM 频域系统模型,基于时域 Nakagami-m 衰落分析了频域统计特性,采用相等持续时间方法,给出了基于 Nakagami-m 分布的 OFDM 频域子信道 FSMM,对状态数及门限、转移概率矩阵、状态误比特率进行了分析,对 m=1/2,1,2 分别给出了闭式解及数值结果,并由仿真数据进行了验证。

4.2.2 信道状态的 FSMM

时间相关信道中,相邻时刻状态(信噪比)之间的关系可以用一阶平稳 FSMM(假设状态转移只发生在当前状态之间或与相邻状态之间,且转移概率与时间无关)很好地表示[6],其基本原理为:将接收信噪比分为逐次增大的序列 $\Gamma_1, \Gamma_2, \cdots,$ Γ_{K+1},且 $\Gamma_1 = 0$、$\Gamma_{K+1} = \infty$,形成平稳 Markov 的状态空间 $S = \{S_1, S_2, \cdots, S_K\}$,当接收信噪比位于 Γ_k 与 Γ_{k+1} 之间时,信道处于 k 状态,其中每一状态都对应一个误比特率 e_k,对所有的时刻 n 和状态 $i, j \in \{,1,2,\cdots,K\}$,状态转移概率为:

$$P_{i,j} = P(S_n = s_j \mid S_{n-1} = s_i) \quad \text{且 } P_{i,j} = 0 \tag{4-1}$$

若 $|i-j| > 1$,K 状态转移概率矩阵 $\boldsymbol{P}$ 中每一行元素满足:

$$\sum_{j=1}^{K} P_{i,j} = 1 \quad \forall i \in \{1, 2, \cdots, K\} \tag{4-2}$$

状态 K 的稳态概率 $\pi_k = P(S_n = s_k), k \in \{1, 2, \cdots, k\}$ 则

$$\sum_{j=1}^{K} \pi_j p_{j,k} = p_k \quad \forall k \in \{1, 2, \cdots, K\} \tag{4-3}$$

对任一给定状态 K:

$$\sum_{j=1}^{K} \pi_j p_{j,k} = \sum_{l=1}^{K} \pi_k p_{k,l} \tag{4-4}$$

4.2.3 OFDM 系统描述

设 OFDM 系统的最大子载波数 N, s_k, $k = 0, 1, \cdots, N-1$ 为频域调制数据,则 OFDM 时域信号为:

$$x(n) = \frac{1}{N} \sum_{k=0}^{N-1} s_k \exp(j2\pi \frac{kn}{N}), n = 0, 1, \cdots, N-1 \tag{4-5}$$

对时间和频率选择性信道可建模为有限冲击响应滤波器 $h(\tau, t)$, 当符号周期小于相干时间时, $h(\tau, t)$ 线性时不变,离散化,可得时域离散形式 $h(n)$, 且 $h(n) = 0$, $n = L, L+1, \cdots, N-1$(L 为信道最大扩展时延对数据速率的倍数,即 $T_m = LT_s$),令

$$H_k = \sum_{l=0}^{L-1} h(l) \exp(-j2\pi \frac{lk}{N}) \tag{4-6}$$

OFDM 频域模型[4]:

$$R_k = H_k S_k + N_k \quad k = 0, 1, \cdots, N-1 \tag{4-7}$$

式中, $N_k = \sum_{n=0}^{N-1} \eta_n \exp(-j2\pi \frac{kn}{N})$, η_n 为白噪声序列;k 子信道的信噪比定义为:

$$\gamma_k = \frac{E(H_k^2 s_k^2)}{N_{k0}} = H_k^2 \frac{E(s_k^2)}{N_{k0}} \tag{4-8}$$

4.2.4 OFDM 频域子信道 FSMC

1. 频域子信道信噪比分布及通过率

经历频率选择性多径衰落的 OFDM 时域信道 $h(\tau, t) = \sum_{l=0}^{N_m-1} h_l(t) \delta(\tau - \tau_l)$, 由多个可分辨径组成。由于 Nakagami-m 分布中的衰落因子 m 可调,当 m 分别为 0.5、1 时分别表示单边高斯\Rayleigh 衰落, $m \to \infty$ 表示高斯分布,随着 m 的增大,衰落逐渐减轻,具有很好的灵活性和广泛的适应性,能较好地描述移动信道衰落,特别是城市及城郊移动信号,而局域网、城域网恰好是未来 OFDM 技术的应用方向。因此,假定其中的每一径包络服从 Nakagami-m 分布,即:

$$p_{|h(k)|}(v) = \frac{2}{\Gamma(m_k)} \left(\frac{m_k}{\Omega_k}\right)^{m_k} v^{2m_k-1} \exp\left(-\frac{m_k}{\Omega_k} v^2\right) \tag{4-9}$$

式中

$$\Omega_k = E(|h(k)|^2), m_k = \frac{\Omega_k^2}{E[(|h(k)|^2 - \Omega_k)^2]}, m \geqslant \frac{1}{2}$$

不失一般性，假定时域的每一径都是独立同分布的，即 $m_k = m$，$\Omega_k = \Omega$，对于频域信道，由式（4-6）可知 $H(k) = \sum_{n=0}^{L-1} |h(n)| e^{j\varphi_n - \frac{2\pi kn}{N}} = \sum_{n=0}^{L-1} |h(n)| e^{j\theta(n)}$，其中，$\varphi_n$ 在 $[0, 2\pi]$ 均匀分布，因此，$\theta_n = \varphi_n - \frac{2\pi kn}{N}$ 也在 $[0, 2\pi]$ 均匀分布，$|h(n)|$ 为 Nakagami-m，则 $|H(k)|$ 近似为 Nakagami-m 分布：

$$p_{|H(k)|}(u) = \frac{2}{\Gamma(\overline{m_t})} (\frac{\overline{m_t}}{\overline{\Omega_t}})^{\overline{m_t}} u^{2\overline{m_t}-1} \exp(-\frac{\overline{m_t}}{\overline{\Omega_t}} u^2) \qquad (4\text{-}10)$$

其中

$$\Omega_t = \frac{1}{N} \sum_{k=0}^{L-1} \Omega_k, \overline{m_t} = \frac{(\sum_{k=0}^{L-1} \Omega_k)^2}{\sum_{k=0}^{L-1} \frac{\Omega_k^2}{m_k} + \sum_{k=0}^{L-1} \sum_{n=0, n\neq k}^{L-1} \Omega_k \Omega_l}$$

（在以下各式中，以 Ω，m 表示 Ω_t，$\overline{m_t}$。）

最近，也有很多文献对 OFDM 频域信道统计特性进行了大量研究，指出这种近似有很大误差，本章参考文献[10]通过特征函数方法推得

$$f_{|H(k)|}(r) = r \int_0^\infty \prod_{n=0}^{L-1} {}_1F_1(m_n; 1; -\frac{\Omega_n}{4m_n} R^2) J_0(Rr) R dR \qquad (4\text{-}11)$$

式中，${}_1F_1(m_n; 1; -\frac{\Omega_n}{4m_n} R^2)$ 为超几何函数。为此，本文根据现有文献进行了分析：本章参考文献[9]将式（4-11）与仿真结果进行了比较，当 m 较小时，吻合较好，随着 m 增大，偏离增大，$m = 5$ 时，大约有 2% 偏差；本章参考文献[10]对式（4-10）、式（4-11）在不同的衰落参数下进行了比较，发现在 m、L 较小时，区别较小，当 $m = 5$ 时，有较明显的差别，随着 m 增大，二者区别越来越大，但我们注意到，随着 m 增大，衰落越来越小，当 $m \to \infty$ 时，Nakagami-m 分布成为高斯分布，对研究衰落特性失去意义，为了平衡复杂度与精确度，我们仍选择 Nakagami-m 分布建模。

每一子信道的信噪比概率密度函数为：

$$p_{\gamma_k}(\gamma) = (\frac{m}{\overline{\gamma}})^m \frac{\gamma^{m-1}}{\Gamma(m)} e^{-\frac{m}{\overline{\gamma}}\gamma} \qquad (4\text{-}12)$$

在门限 Γ_k 条件下，通过率为：

$$N_k = \int_0^\infty \gamma' f(\gamma, \gamma') \mathrm{d}\gamma' = \frac{\sqrt{2\pi} f_m}{\Gamma(m)} (\frac{m}{\bar{\gamma}} \Gamma_k)^{m-\frac{1}{2}} e^{-\frac{m}{\bar{\gamma}} \Gamma_k} \tag{4-13}$$

2. 门限及状态数选取

OFDM 的频域并行传输要求每路子载波传输时间相同,也要求 AMC 及资源分配以子载波帧长为时间单位进行,采用状态相等持续时间法确定门限及状态数。客观上,每一子载波独立同分布,具有相同的时间相关性,为该法提供了基础。

根据状态持续时间相等法建立 FSMM 时,状态间隔持续时间与包传输时间应保持合适比例关系。一方面,每状态的信噪比范围应足够大,以保证同一接收数据包的信噪比落在同一状态以及紧邻的数据包落在相邻两状态之一,以保证 AMC 性能。另一方面,状态间隔也不能太大,否则,一个数据周期内接收信号 SNR 的分布范围小于状态间隔,使实际误比特率(BER)偏离状态 BER,造成 AMC 策略的偏差。接收信号的信噪比变化由包传输时间 T_P 决定,而状态间隔由持续时间决定,因此,只有保证持续时间与包周期间的合适比例,才能选择合适的门限。

令状态持续时间:

$$\overline{\tau_k} = c_k T_p \tag{4-14}$$

$$\overline{\tau_k} = \frac{\pi_k}{N(\Gamma_k) + N(\Gamma_{k+1})} \tag{4-15}$$

$$\pi_k = \int_{\Gamma_k}^{\Gamma_{k+1}} p(\gamma) \mathrm{d}\gamma = \frac{1}{\Gamma(m)} (\gamma(m, \frac{m}{\bar{\gamma}} \Gamma_{k+1}) - \gamma(m, \frac{m}{\bar{\gamma}} \Gamma_k)) \tag{4-16}$$

其中

$$\gamma(m, x) = \int_0^x e^{-t} t^{m-1} \mathrm{d}t \tag{4-17}$$

将式(4-13)、式(4-15)、式(4-16)、式(4-17)代入式(4-14)得:

$$c_k = \frac{\gamma(m, \frac{m}{\bar{\gamma}} \Gamma_{k+1}) - \gamma(m, \frac{m}{\bar{\gamma}} \Gamma_k)}{(\frac{m}{\bar{\gamma}} \Gamma_k)^{m-\frac{1}{2}} e^{-\frac{m}{\bar{\gamma}} \Gamma_k} + (\frac{m}{\bar{\gamma}} \Gamma_{k+1})^{m-\frac{1}{2}} e^{-\frac{m}{\bar{\gamma}} \Gamma_{+1k}}} \frac{1}{\sqrt{2\pi} f_m T_p} \tag{4-18}$$

对 $m = 1/2, 1, 2$,分别有(见附录 3)

$$c_k = \frac{2 * (p(\sqrt{\Gamma_{k+1}}) - p(\sqrt{\Gamma_k}))}{e^{-\Gamma_k/2} + e^{-\Gamma_{+1k}/2}} \frac{1}{\sqrt{2} f_m T_p} \tag{4-19}$$

$$c_k = \frac{e^{-\Gamma_k} - e^{-\Gamma_{k+1}}}{(\Gamma_k)^{\frac{1}{2}} e^{-\Gamma_k} + (\Gamma_{k+1})^{\frac{1}{2}} e^{-\Gamma_{+1k}}} \frac{1}{\sqrt{2\pi} f_m T_p} \tag{4-20}$$

$$c_k = \frac{-2\Gamma_{k+1}e^{-2\Gamma_{k+1}} - e^{-2\Gamma_{k+1}} + 2\Gamma_k e^{-2\Gamma_k} + e^{-2\Gamma_k}}{\sqrt{2\pi}\,f_m T_p\left((2\Gamma_k)^{\frac{3}{2}}e^{-2\Gamma_k} + (2\Gamma_{k+1})^{\frac{3}{2}}e^{-2\Gamma_{+1k}}\right)} \tag{4-21}$$

c_k 一旦确定，再令 $\Gamma_1 = 0$，$\Gamma_{K+1} = \infty$，通过求解式(4-19)～式(4-21)，就可得出各门限（说明：c_k 的计算与 m 及 $\bar{\gamma}$ 有关，为简便，本文所有计算中都假定 $m=1,\bar{\gamma}=1$）。

c_k 的确定可采用下述方法：令 $\Gamma_{K+1} = \infty$，对于 $K+1$ 以下的门限，若信噪比存在于某门限之上的概率非常小，则将其定为 Γ_K，令

$$P_\gamma(\gamma \geqslant \Gamma_K) = 1 - F_\gamma(\Gamma_K) \leqslant \mu \tag{4-22}$$

μ 为常数，设为 10^{-3}。对 $m=1/2、1、2$，由式(4-22)分别求出（见附录3）：

$$2p(\sqrt{\Gamma_K}) - 1 \geqslant 0.999 \tag{4-23}$$

$$e^{-\Gamma_K} \leqslant 0.001 \tag{4-24}$$

$$(2\Gamma_K + 1)e^{-2\Gamma_K} \leqslant 0.001 \tag{4-25}$$

$\Gamma_K = 9.5424db\backslash 8.3934db\backslash 6.6433db$。代入式(4-19)～式(4-21)，对 $m=1/2$,1,2,可分别求出 $c_K = 3.766\,4,4.490\,5,4.420\,8$。对 $k=1,2,\cdots,K$，一般可选取 $c_k = c, 1 \leqslant c \leqslant c_K$。

以上只给出了 c 的取值范围，由本章参考文献[7]可知：瑞利衰落信道在给定 $f_m T_P$ 条件下，c 越大，状态数越少，状态间间隔越大，因此，在 $1 \leqslant c \leqslant c_K$ 内，可采用试探的方法，结合状态误比特率与真实曲线的逼近特性选取 c。表 4-1($m=1$ 列数据来自本章参考文献[7])给出了 c 一定条件下，状态门限及间隔随 m 的变化，可以看出，m 越小，衰落越严重，在相同持续间隔时间下，状态间间隔越大，这可能造成 AMC 等技术的不精确，因此，c 的选取应随着 m 变化，当 m 由小变大，c 应由小逐渐增大。

3. 转移概率及状态平均错误概率

$$p_{k,k+1} = \frac{N_{k+1}}{R_k} = \frac{N(\Gamma_{k+1})T_p}{\pi_k} = \frac{\sqrt{2\pi}(\frac{m}{\gamma}\Gamma_{k+1})^{m-\frac{1}{2}}e^{-\frac{m}{\gamma}\Gamma_{+1k}}f_m T_p}{\gamma(m,\frac{m}{\gamma}\Gamma_{k+1}) - \gamma(m,\frac{m}{\gamma}\Gamma_k)} \quad k=1,2,\cdots,K-1$$

$$\tag{4-26}$$

对 $m=1/2、1、2$，参见附录1可分别得出：

$$p_{k,k+1} = \frac{f_m T_p e^{-\frac{1}{2}\Gamma_{k+1}}}{\sqrt{2}(p(\sqrt{\Gamma_{k+1}}) - p(\sqrt{\Gamma_k}))} \tag{4-27}$$

$$p_{k,k+1} = \frac{\sqrt{2\pi} f_m T_p \, \mathrm{sqrt}(\Gamma_{k+1}) \mathrm{e}^{-\Gamma_{k+1}}}{\mathrm{e}^{-\Gamma_k} - \mathrm{e}^{-\Gamma_{k+1}}} \tag{4-28}$$

$$p_{k,k+1} = \frac{\sqrt{2\pi} f_m T_p (2\Gamma_{k+1})^{\frac{3}{2}} \mathrm{e}^{-2\Gamma_{k+1}}}{2\Gamma_k \mathrm{e}^{-2\Gamma_k} + \mathrm{e}^{-2\Gamma_k} - 2\Gamma_{k+1} \mathrm{e}^{-2\Gamma_{k+1}} - \mathrm{e}^{-2\Gamma_{k+1}}} \tag{4-29}$$

同理

$$p_{k,k-1} = \frac{\sqrt{2\pi} (\frac{m}{\gamma}\Gamma_k)^{m-\frac{1}{2}} \mathrm{e}^{-\frac{m}{\gamma}\Gamma_k} f_m T_p}{\gamma(m, \frac{m}{\gamma}\Gamma_{k+1}) - \gamma(m, \frac{m}{\gamma}\Gamma_k)} \tag{4-30}$$

$p_{0,0} = 1 - p_{0,1}$, $p_{K,K} = 1 - p_{K,K-1}$, $p_{k,k} = 1 - p_{k,k-1} - p_{k,k+1}$, $\quad k = 2,3,\cdots,K-1$

若采用 CBPSK-OFDM 系统,则误比特率为:

$$e_b(\Gamma_k) = Q(\sqrt{2\Gamma_k}) \tag{4-31}$$

其中, $Q(x) = \int_x^\infty \frac{1}{\sqrt{2\pi}} \mathrm{e}^{(t^2/2)} \mathrm{d}t$。

信道处于 K 状态的误比特率:

$$e_k = \frac{\int_{\Gamma_k}^{\Gamma_{k+1}} p_e p_\gamma(\gamma) \mathrm{d}\gamma}{\pi_k}$$

$$e_k = \frac{1}{\pi_k} (F_\Gamma(\Gamma_{k+1}) Q(\sqrt{2\Gamma_{k+1}}) - F_\Gamma(\Gamma_k) Q(\sqrt{2\Gamma_k}) + I) \tag{4-32}$$

式中, $I = I_{k+1} - I_k = \int_{\sqrt{2\Gamma_k}}^{\sqrt{2\Gamma_{k+1}}} F_\Gamma(\frac{x^2}{2}) \frac{1}{\sqrt{2\pi}} \mathrm{e}^{-\frac{x^2}{2}} \mathrm{d}x$。

对 $m = 1/2, 1, 2$(参见附录 2),分别有

$$e_k = \{2(p(\sqrt{\Gamma_{k+1}}) - 1/2)Q(\sqrt{\Gamma_{k+1}}) - 2(p(\sqrt{\Gamma_k}) - 1/2)Q(\sqrt{\Gamma_k})$$

$$- p(\sqrt{2\Gamma_{k+1}}) + p(\sqrt{2\Gamma_k}) + \frac{2}{\sqrt{2\pi}} \int_{\sqrt{2\Gamma_k}}^{\sqrt{2\Gamma_{k+1}}} p(\frac{x}{\sqrt{2}}) \mathrm{e}^{-\frac{x^2}{2}} \mathrm{d}x\}$$

$$/2[p(\sqrt{\Gamma_{k+1}}) - p(\sqrt{\Gamma_k})]$$

$$\tag{4-33}$$

$$e_k = \{Q(\sqrt{2\Gamma_{k+1}}) - Q(\sqrt{2\Gamma_k}) - \mathrm{e}^{-\Gamma_{k+1}} Q(\sqrt{2\Gamma_{k+1}})$$

$$+ \mathrm{e}^{-\Gamma_k} Q(\sqrt{2\Gamma_k}) + p(\sqrt{2\Gamma_{k+1}}) - p(\sqrt{2\Gamma_k}) - \frac{1}{\sqrt{2}} p(2\sqrt{\Gamma_k})$$

$$+ \frac{1}{\sqrt{2}} p(2\sqrt{\Gamma_{k+1}})\} / (\mathrm{e}^{-\Gamma_k} - \mathrm{e}^{-\Gamma_{k+1}})$$

$$\tag{4-34}$$

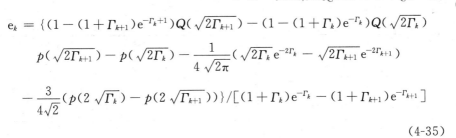

$$(4\text{-}35)$$

4.2.5 数值计算及仿真

采用 CBPSK-OFDM 系统进行计算及仿真,假定 $m=1$,$\bar{\gamma}=1$,信息比特率为 20 Mbit/s,512 子载波/OFDM 符号,子载波信息比特率为 39.1 kbit/s,帧周期 T_p 为 1 ms,则每帧包含 40 个 OFDM 符号,载频选用 2 GHz,移动速度为18.36 km/h,最大多谱勒频移 f_m 为 33.8 Hz,$f_m T_p = 0.033\ 8$,时域采用 4 径 Nakagami-m 信道,进行 10^4 帧仿真。对 m=1/2,1,2,分别取 c 为 2.9、3.0466、3.5,得到如表 4-2 所示各门限值(其中 $m=1$ 列数据来自本章参考文献[6]),可以看出,随着 m 逐渐增大,衰落逐渐减弱,状态数逐渐减少,相同序号状态误比特率明显下降。图 4-1〔依据式(4-33)~式(4-35)计算〕以状态误比特率说明了模型的准确性。根据式(4-27)~式(4-31),分别计算了 $m=1/2$、1、2 的各态转移概率与稳态概率,图 4-2 说明,m 越小,衰落越严重,在本态循环的概率越小,越不稳定;图 4-3 说明,不论 m 为何值,随着信噪比提高,从状态 k 向状态 $k+1$ 转移的概率逐渐减小,m 越小,从 k 态向 $k+1$ 态转移的概率越大,越不稳定;图 4-4 说明,随着信噪比提高,从状态 k 向状态 $k-1$ 转移的概率逐渐增大,到一定信噪比后,出现拐点,m 越小,衰落越严重,此概率越大;图 4-5 说明,m 越小,稳态概率的峰值处于越低信噪比,信道处于较低信噪比时,m 越小,稳态概率越大,信道处于较高信噪比时,m 越大,稳态概率越大,这些都恰好说明了 m 越小,衰落越严重,信道越不稳定,越趋向较低状态这一现象,证明了模型的准确性。

表 4-1 c 相同时门限及状态数随 m 变化的情况

m=1/2		m=1		m=2	
门限	间隔	门限	间隔	门限	间隔
$-20.000\ 0$		$-12.047\ 4$		$-13.049\ 5$	
$-13.979\ 4$	$6.020\ 6$	$-6.015\ 8$	$6.031\ 6$	$-7.488\ 0$	$5.561\ 5$
$-4.437\ 0$	$7.542\ 4$	$-2.475\ 4$	$3.540\ 4$	$-4.378\ 2$	$3.009\ 8$

$m=1/2$		$m=1$		$m=2$	
门限	间隔	门限	间隔	门限	间隔
0	4.437 0	0.049 0	2.524 4	−2.129 2	2.249 0
2.922 6	2.922 6	2.023 2	1.974 2	−0.345 0	1.684 2
5.105 5	2.182 9	3.651 4	1.628 2	1.145 2	1.490 2
6.848 5	1.743 0	5.045 4	1.394 0	2.433 0	1.187 8
8.299 5	1.451 0	6.272 6	1.227 2	3.574 6	1.141 6
9.542 4	1.252 9	7.377 7	1.105 1	4.607 5	1.032 9
		8.393 4	1.015 7	5.559 0	0.951 5
				6.451 0	0.892 0

表 4-2　选取合适 c 时，不同 m 的门限及状态数划分

标号	$m=1/2$		$m=1$		$m=2$	
	Γ_k	e_k	Γ_k	e_k	Γ_k	e_k
0	$-\infty$		$-\infty$		$-\infty$	
1	−20.000	0.867 8	−12.047		−8.603 6	
2	−13.979	0.650 3	−6.015 8	0.837 3	−4.695 4	0.256 7
3	−6.020 6	0.600 4	−2.475 4	0.385 9	−2.086 6	0.134 9
4	−1.938 2	0.536 9	0.049 0	0.210 4	−0.083 9	0.069 2
5	0.827 9	0.500 6	2.023 2	0.089 4	1.562 2	0.033 4
6	2.922 6	0.444 4	3.651 4	0.036 0	2.975 3	0.011 2
7	4.609 0	0.356 8	5.045 4	0.008 6	4.229 1	0.010 5
8	6.020 6	0.303 8	6.272 6	0.002 6	5.373 3	0.004 6
9	7.234 6	0.292 3	7.377 7	—	6.451 0	0.000 7
10	8.299 5	0.231 7	8.393 4	—	∞	
11	9.542 4	0.211 3	∞			
	∞					

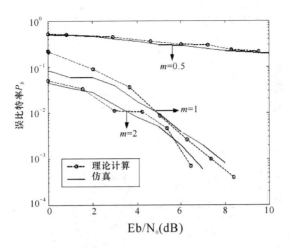

图 4-1　状态误比特率理论计算值与仿真结果

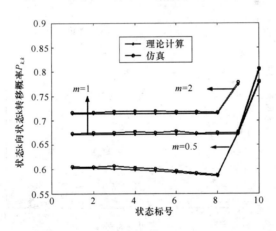

图 4-2　理论状态转移概率与仿真数据比较

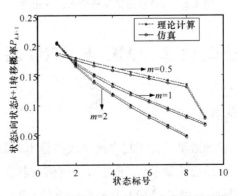

图 4-3　理论状态转移概率与仿真数据比较

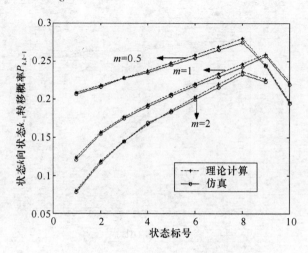

图 4-4　理论状态转移概率与仿真数据比较

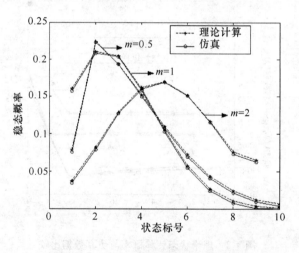

图 4-5　理论稳态概率与仿真数据比较

4.3　OFDM 子载波上 AMC 与 ARQ 联合的跨层设计

4.3.1　研究意义及背景

　　AMC/ARQ 跨层设计最早是为了提高网络效率提出来的联合控制策略[2,3,4]，其基本原理是：AMC（自适应调制编码）通过自适应信道状态选择 MCS（调制编码制式）增强容量，提高链路利用率，ARQ（自动检错重传）通过链路层的差错控制机制降低丢包率,提高链路效率。如果进一步将二者联合起来跨层设计,依靠 ARQ 在链路层纠错,物理层的误帧率要求降低,AMC 制式升高,系统容量可进一步提高,本章参考文献[2]最早建立了单载波系统 AMC/ARQ 跨层设计,提出了根据最大时延确定最大重传次数,根据重传次数、丢包率及信噪比确定 MCS 的方法,比仅采用 AMC 的系统容量提高 0.25BIT/符号,比 ARQ 与固定调制方式的结合有相当大的提高。本章参考文献[3]在本章参考文献[2]的基础上提出了具有包时延和丢包率限制的 AMC/ARQ 跨层设计,其中,用 FSMC 表示信道状态转移,用内嵌一阶 MARKOV 链表示排队特征,形成复合 FSMC,使模型更加完善,同时,也通过跨层设计对业务提供一定质量保障。但本章参考文献[3]和本章参考文献[11]都假定了一帧时间内信道无变化,信道反馈无时延、无差错,因此其结果只在静态或准静态系统中适用,并且只适用于单载波系统。本章参考文献[11]和本章参考文献[12]对此做出了改进,本章参考文献[11]给出了基于 OFDM 频域子载波的链路层队列结合物理层 AMC 的跨层设计模型,但未结合 ARQ,本章参考文献[12]针对时间衰落,提出了一种门限补偿方法,根据时间相关性,采用仿真方法得到门限偏移与多普勒频移及时变信噪比的关系,对门限进行补偿,但所包含的变化情况有限,另外,没有结合 ARQ,系统性能改善不多。

从 QoS 映射来看,AMC/ARQ 跨层设计在映射中具有以下作用:(1)在不考虑因缓冲器满而丢包时,ARQ 机制的重传次数决定了时延和丢包率,而 AMC 却决定了信道容量,如果将二者结合,进行跨层设计,就能将丢包率、时延等 QoS 参数与带宽结合起来,提供满足丢包率、时延等 QoS 要求的链路带宽,能同时提供多个 QoS 保证;(2)AMC/ARQ 跨层设计使链路层、物理层结合为整体,链路层之上的业务参数可直接控制物理层机制(如:根据链路带宽确定 AMC 或根据信道状态确定可接纳业务的带宽等),这样可设计出满足业务要求的无线系统;(3)利用 AMC/ARQ 跨层设计优化网络效率的特点,采用 AMC/ARQ 联合体映射其上的 QoS,能达到业务质量(用户满意度)与网络效率(代价)的良好折中。

基于上述分析,本节将实现 OFDM 子载波上的、考虑信道变化的 AMC/ARQ 跨层设计并用以 QoS 映射。本节首先建立了基于 OFDM 频域子载波的 AMC/ARQ 跨层设计系统模型、算法及实现过程,进行了性能分析,在此基础上进行了优化设计,收到在了满足时延和丢包率条件下,频谱效率最高的效果。针对 OFDM 子载波对高速移动的敏感性,提出了基于 FSMM 模型的改进方法,其中包括采用 MCS 门限、CQI 以及 Chase 合并等方法,最后提出了适应高速移动的基于 OFDM

频域子载波的 AMC/ARQ 跨层设计,仿真表明其通过率及丢包率优于改进前的系统,该系统同时也是运动环境中准确映射 QoS 的跨层无线系统。

4.3.2　OFDM 频域子载波统计特性

由本章参考文献[17]知,OFDM 频域传输特性可表述为:

$$R_k = H_k S_k + N_k \quad k = 0, 1, \cdots, N-1 \tag{4-36}$$

其中,N 为 OFDM 系统的最大子载波数,R_k,S_k 分别为第 k 子载波的接收、发射数据,由本章参考文献[10]可知:若时域信道的每一径 $h(n)$ 包络服从 Nakagami-m 分布,则频域每一子载波 H_k 可近似为 Nakagami-m,各 H_k 独立同分布。

第 k 子载波的信噪比定义为:

$$\gamma_k = \frac{E(H_k^2 s_k^2)}{N_{k0}} = H_k^2 \frac{E(s_k^2)}{N_{k0}} \tag{4-37}$$

由于 H_k 相互独立同分布,因此,各子载波 SNR 相互独立同分布。每一子载波的信噪比概率密度函数:

$$p_{\gamma_k}(\gamma) = \left(\frac{m}{\overline{\gamma}}\right)^m \frac{\gamma^{m-1}}{\Gamma(m)} e^{-\frac{m}{\overline{\gamma}}\gamma} \tag{4-38}$$

其中,$m \geqslant 1/2$ 为衰落因子,m 越大,衰落越大,$m = 1$ 时为 Raylaigh 衰落,$\overline{\gamma} = E(\gamma)$,$\Gamma(m) = \int_0^\infty t^{m-1} e^{-t} \mathrm{d}t$。又由于每子载波经历平坦衰落,故可用唯一参量接收信噪比 γ_k 表示信道状态。

4.3.3　基于 OFDM 频域子载波的 AMC /ARQ 跨层设计及 QoS 映射

1. 基于 OFDM 频域子载波进行 AMC/ARQ 跨层设计

在 OFDM 系统中,通常选择具有相同信道状态或信道状态处于同一 MCS 门限间隔之内的子载波形成相同 AMC 的子信道。分集的好处是减少信道选择性,提高链路性能。子信道集内,每子载波具有完全相同的特征,因此,基于 OFDM 系统子载波进行 AMC/ARQ 跨层设计是一种良好选择。

2. 系统模型

由于各子载波的独立性,基于子载波进行 AMC/ARQ 跨层设计可采用与单载波系统相似的方法[21],系统结构如图 4-6 所示。链路层采用选择重发 ARQ 协议,处理单元为包,物理层可根据信道状态和误帧率选择多种传输模式(MCS),处理单元为帧,由于传输模式不同,每帧包含不同数量的包。反馈信道传输 CQI(信道质量指示)和 ACK/NACK 信号,分别用以 AMC、ARQ,假设物理信道为平坦衰落且服从 Nakagami-m 分布,在帧传输期间不变化,反馈无时延、无差错。

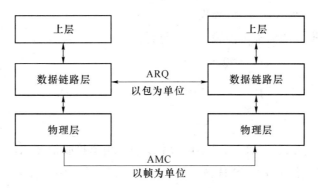

图 4-6 系统结构

3. 跨层设计

OFDM 子载波的跨层设计与单载波类似,参考本章参考文献[21],可采取以下步骤:

(1) 在链路层,最大重传次数:

$$N_r^{\max} = \frac{\tau_{\max}}{\mathrm{RTT}} \tag{4-39}$$

其中,$\tau_{\max}$ 为包最大传输时延,RTT 为包一次往返传输时间。

(2) 在物理层,MCS 的选择:

在时域,误帧率与误包率的关系如下。假设 1 帧中包含 n 个包,则

$$\mathrm{FER} = 1 - (1 - \mathrm{PER})^n \tag{4-40}$$

为方便计算,可假设 1 帧中仅含 1 个包,因此:

$$\mathrm{FER} = \mathrm{PER} \tag{4-41}$$

对于子载波,若作如上假设,也有:

$$\mathrm{FER} = \mathrm{PER} \tag{4-42}$$

若 $N_r^{\max}$ 次重传后丢包率为 P_{loss},则最大瞬时误包率须满足:

$$P_0^{N_r^{\max}+1} \leqslant P_{\mathrm{loss}} \tag{4-43}$$

目标误帧率:

$$P_0 \leqslant P_{\mathrm{loss}}^{1/(1+N_r^{\max})} : = P_{\mathrm{target}} \tag{4-44}$$

MCS 门限的确定:由本章参考文献[21]可得,在白噪声条件下,目标误帧率与信噪比的近似关系为:

$$FER_n(\gamma) = \begin{cases} 1 & 0 < \gamma < \gamma_{P_n} \\ a_n \exp(-g_n\gamma) & \gamma \geqslant \gamma_{P_n} \end{cases} \qquad (4\text{-}45)$$

a_n, g_n, γ_{P_n} 随模式而变，可查表 5-3。

相应于各模式的门限可由式(4-46)得到：

$$\begin{cases} \Gamma_0 = 0 \\ \Gamma_n = -\dfrac{1}{g_n}\ln(\dfrac{P_{\text{target}}}{a_n}), n = 1, 2, \cdots, N \\ \Gamma_{n+1} = +\infty \end{cases} \qquad (4\text{-}46)$$

（在本文中，用 Γ_k 表示 MCS 门限，用 γ_k 表示信道接收信噪比。）

基于平均误帧率的 MCS 选择，式(4-46)中，假定每种模式误帧率都等于平均误帧率，计算门限 Γ_n，以 γ_k 表示第 k 子载波的接收信噪比，当 $\Gamma_n \leqslant \gamma_k \leqslant \Gamma_{n+1}$ 时，第 k 子载波处于 n 状态，选择模式 n（实例：假定平均误帧率为 0.01，重传次数为 1 时，求得白噪声下各模式门限如表 4-3 中 Γ_k 行）。

4. QoS 映射

AMC/ARQ 跨层设计映射 QoS 的过程可表示如下：

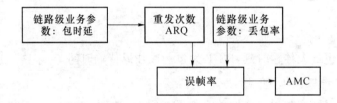

4.3.4 跨层设计的性能分析及优化

1. 平均丢包率

在 Nakagami-m 信道上，信道处于模式 n 的概率为：

$$\pi(n) = \int_{\Gamma_n}^{\Gamma_{n+1}} p_\gamma(\gamma)\,\mathrm{d}\gamma = \frac{\Gamma(m, \frac{m}{\overline{\gamma}}\Gamma_n) - \Gamma(m, \frac{m}{\overline{\gamma}}\Gamma_{n+1})}{\Gamma(m)} \qquad (4\text{-}47)$$

处于模式 n 的平均误帧率为：

$$\overline{FER_n} = \frac{1}{\pi(n)}\int_{\Gamma_n}^{\Gamma_{n+1}} FER_n(\gamma)p_\gamma(\gamma)\,\mathrm{d}\gamma = \frac{a_n}{\Gamma(m)}\left(\frac{m}{\overline{\gamma}}\right)^m \frac{1}{\pi(n)} \frac{\Gamma(m, b_n\Gamma_n) - \Gamma(m, b_n\Gamma_{n+1})}{b_n^m}$$

$$(4\text{-}48)$$

其中，$b_n = \dfrac{m}{\overline{\gamma}} + g_n$。

平均误帧率为：

$$\overline{\text{PER}} = \frac{\sum_{n=1}^{N} R_n \pi(n) \overline{\text{PER}_n}}{\sum_{n=1}^{N} \pi(n) R_n} \tag{4-49}$$

其中，$R_n = R_c \log_2(M_n)$ 为比特率。

2. 频谱效率

平均重发次数为：

$$\overline{N_r} = 1 + p + \cdots + p^{N_r^{\max}} = \frac{1 - p^{N_r^{\max}}}{1 - p} \tag{4-50}$$

其中，$p = \overline{FER}$。

实际误帧率为：

$$p^{N_r^{\max}} \leqslant P_{\text{target}}^{N_r^{\max}} = P_{\text{loss}} \tag{4-51}$$

不考虑重发，频谱效率为：

$$\overline{S_e} = \sum_{n=1}^{N} R_n \pi(n) \tag{4-52}$$

考虑重发，频谱效率为：

$$\overline{S_e} = \frac{\sum_{n=1}^{N} R_n \pi(n)}{\overline{N}} \tag{4-53}$$

实例：对表 4-3 中的目标误帧率为 0.01、重发次数为 1 的 AMC/ARQ 跨层设计的 MSC 门限设置，计算得其平均重发次数为 1.1，平均频谱效率为 0.2439，如表 4-4 所示。

3. 优化

优化模型：假定无排队和处理时延，在给定平均时延和误帧率条件下，AMC/ARQ 跨层设计可建模为：

$$\varGamma_n = \operatorname{argmax} \overline{S_e}(N, \overline{\text{PER}}) \tag{4-54}$$

其中，$\overline{S_e}(N, \overline{\text{PER}})$ 如式(4-53)所示，$\overline{N}$ 如式(4-50)所示，$\overline{\text{PER}}$ 如式(4-49)所示。

限制条件：

$$\overline{N_r} \times \text{RTT} \leqslant \overline{\tau_d} \quad \overline{N_r} \in [1, N_r^{\max}] \tag{4-55}$$

$$\overline{\text{PER}} \leqslant P_{\text{loss}} \tag{4-56}$$

通过求解该模型，可得到满足丢包率、时延限制，频谱效率最大时的 MCS

门限。

优化模型的求解：上述模型为非线性限制的优化，计算复杂度高，由于 MCS 门限与频谱效率的不确定关系（MCS 门限降低，频谱效率会提高，但误帧率会相应提高，有可能导致平均重发次数增加，这时频谱效率是增加、减小或不变，是不能确定的；若 MCS 门限升高，频谱效率会降低，误帧率会相应降低，有可能导致平均重发次数减小，这时频谱效率是增加、减小或不变，也是不能确定的），本文采用穷尽法搜索，通过均匀改变 MCS 门限，搜索满足丢包率和时延、频谱效率最高的 MCS 门限。

搜索步骤如下：假定目标误帧率 $\hat{P}_{loss}$ 为 0.01，假定物理信道 $m=1, \bar{\gamma}=1, T_p = 1\ ms$，MSC 的初始门限如表 4-3 所示，且 $\Gamma_0^{(0)}=0, \Gamma_{N+1}^{(0)}=\infty$。

表 4-3　传输模式及门限（18.36 km/h）

	Mode1	Mode2	Mode3	Mode4	Mode5	Mode6
调制	BPSK	QPSK	QPSK	16QAM	16QAM	64QAM
码率	1/2	1/2	3/4	9/16	3/4	3/4
效率	0.50	1.00	1.50	2.25	3.00	4.50
a_n	274.722 9	90.251 4	67.618 1	50.122 2	53.398 7	35.350 8
g_n	7.993 2	3.499 8	1.688 3	0.664 4	0.375 6	0.090 0
γ_{pn} /dB	−1.533 1	1.094 2	3.972 2	7.702 1	10.248 8	15.978 4
Γ_k /dB	−0.041 0	2.874	5.865 6	9.711 5	12.232 6	18.142 4
平均重传次数	1.14					
频谱效率	0.261 8					
平均误帧率	0.024 8					

（1）增大 FSMC 门限：$\Gamma_n^{(k)}=\Gamma_n^{(k-1)}+\Delta, \Gamma_0^{(k)}=0, \Gamma_{N+1}^{(k)}=\infty (n=1,\cdots,N)$，$\Delta$ 为指定正常数，以 $\Gamma_n^{(k)}$ 计算平均误帧率，计算频谱效率，填入表 4-4，重复（1）到指定次数。

（2）减小 FSMC 门限：$\Gamma_n^{(k)}=\Gamma_n^{(k-1)}-\Delta, \Gamma_0^{(k)}=0, \Gamma_{N+1}^{(k)}=\infty (n=1,\cdots,N)$，$\Delta$ 为指定正常数。

（3）若 $\Gamma_n^{(k)}<\gamma_{pn}$，则停止，否则，以 $\Gamma_n^{(k)}$ 计算平均误帧率 PER，计算频谱效率，填入表 4-6，转入（2）。

（4）在表 4-5、表 4-6 中，选择平均误帧率满足要求的一组值，从中选择频谱效率最大的值所对应的门限，即为优化的 FSMC 门限，且此时丢包率和时延满足要求。从表4-5、表4-6中可以看到,频谱效率为0.284 9时,平均误帧率为0.040 7,是满足要求的一组数据,此时,MSC门限及AMC模式如表4-6所示。

表4-4　FSMC门限增大时,对应的平均误帧率和频谱效率

对初始门限 的增加量	平均误帧率	频谱效率
0.1	0.016 1	0.238 9
0.2	0.007 7	0.197 2
0.3	0.003 2	0.146 8
0.4	0.001 2	0.098 6
0.5	0.000 4	0.059 8
0.6	0.000 1	0.032 8
0.7	0.000 0	0.016 3

表4-5　FSMC门限减小时,对应的平均误帧率和频谱效率

对初始门限 的减小量	平均误帧率	频谱效率
0.1	0.040 7	0.284 9
0.2	0.131 0	0.320 2

表4-6　满足平均误帧率,频谱效率最大的AMC门限

门限/dB	0	−0.503 2	2.643 9	5.751 6	9.664 8	12.206 5	18.135 7
调制模式	无信息发送	1/2BPSK	1/2QPSK	3/4QPSK	9/1616QAM	3/416QAM	3/464QAM
移动速度 18.36 km/s 持续时间		4.918 8	6.144 9	6.023 4	3.873 5	2.895 1	
移动速度 3×18.36 km/s 持续时间		1.639 6	2.048 3	2.007 8	1.291 2	0.965 0	

4.3.5　AMC/ARQ 跨层设计的实现过程

（1）确定 P_{target}，N_r^{max}，Γ_n 等参数。

（2）每帧开始前，发射端接收由接收端反馈的信号 CQI 和 ACK/NACK，对新发射数据，若 $\Gamma_n \leqslant CQI \leqslant \Gamma_{n+1}$，则说信道处于 n 状态，更新 MCS 模式，采用模式 n。

（3）根据 ACK/NACK 信号，选择重发错误包，对重发数据，采用 Chase 合并中的链路预测方法，预测 N_r^{max} 次重发能否达到前次 MCS 门限，若能，则用前次相同的 MCS 重发，否则，根据预测的信道 SNR 更新模式。

（4）在接收端，对新发数据，进行纠错及检错，并发送 ACK/NACK，对重发数据，采用 Chase 合并，若重发达到 N_r^{max}，仍不能正确接收，则声明包丢失。

4.3.6　高速移动环境中，基于 FSMC 对 OFDM 频域子信道的 AMC/ARQ 跨层设计的改进

1. 高速移动对 AMC/ARQ 跨层设计的影响

（1）高速移动改变信道状态持续时间〔式(5-18)〕说明，持续时间与多普勒频移成反比，高速移动使状态持续时间可能小于一帧数据传输时间，导致一帧传输时间内，AMC 不能始终适应信道，性能下降。

（2）高速移动中的反馈时延：在高速移动环境中，由于多普勒频移增大导致状态持续时间减小，反馈时延可能大于信道状态持续时间，则 CQI 不能反映当前信道状态，反馈无时延的假定应该取消，CQI 应该修正。

（3）高速移动对链路合并的影响：Chase 合并是在重传中用以错误包信噪比合并的方法：假定每次传输和重传采用相同的 MCS，假定 γ_k 是第 k 次传输的信噪比，$\gamma_{c,n}$ 是第 n 次合并后的信噪比，则

$$\gamma_{c,n} = \varepsilon \times \sum_{k=1}^{n} \gamma_k \, (\text{dB}) \tag{4-57}$$

其中，ε 是最大比合并效率。该方法也经常用以链路预测，为简便，通常假定预测中每次传输及每次重传信噪比相同，则

$$\gamma_{c,n} = \lg\left(\frac{n\varepsilon}{n-1}\right) + \gamma_{c,(n-1)} \, (\text{dB}) \tag{4-58}$$

第 n 次重传可获得 $\lg\left(\frac{n\varepsilon}{n-1}\right)$ dB 增益。若预测 n 次重传后信噪比仍不能达到相应 MCS 的要求，则等待或改用其他信道传输。

在高速移动环境下,多次重传的时间可能大于信道状态持续时间,预测中假定每次重传信噪比相同不成立,预测算法需要修改。

(4)高速移动在 OFDM 网络中造成的质量恶化较为严重,因为此时子载波速率仅为总速率的 $1/N$,相比单载波系统,子载波上的时间选择性衰落更加严重,系统性能下降更多。

2. 高速移动环境中,基于 FSMC 对 OFDM 频域子信道的 AMC/ARQ 跨层设计的改进

(1)用于 AMC 的 FSMC

由于 AMC 过程以帧为单位,FSMC 的状态持续时间必须满足 $\tau_k \geqslant T_f$,所以采用状态持续时间相等法的 FSMC 较合适,又由于 $\mathrm{RTT} \approx 3T_f$,由式(4-14)可知,$1 \leqslant c_k \leqslant 3$ 比较合适。

高速移动对 FSMC 的门限影响是很大的,当移动速度增大,f_m 增大时,若保持 c_k 不变,(即状态持续时间不变),FSMC 状态数必然减少,状态间隔必然增大,如上所述,增大的状态间隔可能包含多个 MCS 门限,这导致在选择调制编码制式时出错。反过来,若保持间隔不变,持续时间必然减小,可能小于帧传输时间,导致如上所述的 MCS 不能始终适应信道的情况。本文讨论了 $m=1$、$\bar{\gamma}=1$ 的 Nakagami-m 信道,移动速度分别为 18.36 km/h、3×18.36 km/s 时,最大多普勒频移 f_m 为 33.8 Hz、3×33.8 Hz,$c = 1.87$ 时的 FSMC 状态门限如表 4-7、表 4-8 所示。

表 4-7 移动速度为 18.36 km/h 时的 FSMM 状态

状态号	门限/dB	状态号	门限/dB	状态号	门限/dB
1	−3.054 3	12	7.590 5	23	12.509 2
2	−1.360 7	13	8.146 2	24	12.870 4
3	0.058 6	14	8.672 1	25	13.223 9
4	1.280 8	15	9.171 5	26	13.570 9
5	2.354 8	16	9.647 7	27	13.912 7
6	3.313 3	17	10.103 1	28	14.250 9
7	4.179 4	18	10.539 9	29	14.587 2
8	4.969 8	19	10.960 3	30	14.923 9
9	5.697 3	20	11.365 8	31	15.264 0
10	6.371 7	21	11.758 2	32	15.612 4
11	7.000 7	22	12.138 9	33	15.978 4

表 4-8　移动速度为 3×18.36 km/h 时的 FSMM 状态

状态号	门限/dB	转移概率 $p_{k,k+1}$	转移概率 $p_{k,k-1}$	转移概率 $p_{k,k}$
1	−Inf	0.791 6		0.208 4
2	−10.277 4	0.336 5	0.246 2	0.417 3
3	−2.733 0	0.227 8	0.368 5	0.403 7
4	1.361 1	0.150 8	0.455 1	0.404 1
5	4.304 3	0.079 0	0.535 8	0.385 2
6	6.792 0		0.624 6	0.375 4
7	Inf			

(2) 基于 FSMC 的 MCS 门限修正

基于 FSMC 的 MCS 门限修正有两种方法可用。

方法一对于满足业务 QoS 的现有 MCS 门限序列 $\Gamma_0, \Gamma_1, \cdots, \Gamma_{n+1}$ 中的 $[\Gamma_k, \Gamma_{k+1}]$（$k = 0, 1, \cdots, K$），在给定 f_m 及其他衰落参数时，考察与其具有相同衰落参数和某一合适状态持续时间的 FSMC，若 MSC 门限间隔包含于 FSMC 状态门限之中，则说明 AMC 的状态持续时间过短，修正方法是舍去 Γ_{k+1}，令 $[\Gamma_k, \Gamma_{k+2}]$ 为一状态，同时，令 $[\Gamma_{k+1}, \Gamma_{k+2}]$ 采用模式 k。

本文用这一方法对表 5-6 中的 MSC 门限以表 5-7、表 5-8 为依据，在移动速度分别为 18.36 km/s 和 3×18.36 km/s 条件下做了考察，当移动速度为 18.36 km/s 时，表 5-6 中的 MSC 门限包含多个 FSMC 状态，说明 AMC 的模式的持续时间远大于要求的持续时间，不需要修改；当移动速度为 3×18.36 km/s 时，可以看到，MSC 门限间隔均包含于 FSMC 状态间隔之中，需要修正，按前述规则得到表 5-9。但该方法的缺点是当 MSC 的两个相邻门限分别位于 FSMC 的相邻状态之中时，难以判断起持续时间。

方法二对于现有 MCS 门限序列 $\Gamma_0, \Gamma_1, \cdots, \Gamma_{n+1}$ 中的 $[\Gamma_k, \Gamma_{k+1}]$（$k = 0, 1, \cdots, K$），在给定 f_m 及其他衰落参数时，利用式(5-18)计算持续时间 τ，若 $\tau \leqslant T_f$，由前述可知，降低 MSC 门限会使误帧率升高，频谱效率提高，而提高 MSC 门限则会降低误帧率，同时降低频谱效率，因此，本文采用提高 MSC 门限的方法，应舍去 Γ_{k+1}，令 $[\Gamma_k, \Gamma_{k+2}]$ 为一状态，同时，舍去模式 $k+1$。对表 4-6 的门限进行计算，当移动速度为 18.36 km/s 时，AMC 状态持续时间示于表 4-6 中，大于要求的指标，不需修改，当移动速度为 3×18.36 km/s，AMC 状态持续时间示于表 4-6 中，显然，状态 $[−0.5032, 2.6439]$、$[9.6648, 12.2065]$、$[12.2065, 18.1357]$ 不符合要求，根据前

述原则修正,得到表 4-10。

表 4-9　高速条件下,修正后的 FSMC 门限

门限/dB	0	−0.503 2	2.643 9	5.751 6
调制模式	无信息发送	1/2BPSK	1/2QPSK	3/4QPSK

表 4-10　修正后的转移概率

门限/dB	−Inf	−0.503 2	5.751 6	9.664 8
调制模式	无信息发送	1/2BPSK	3/4QPSK	9/16QPAM
转移概率 $p_{k,k+1}$	0.167 6	0.029 3	0.003 2	
转移概率 $p_{k,k-1}$		0.253 6	0.495 5	0.773 3
转移概率 $p_{k,k}$	0.832 4	0.717 1	0.501 3	0.226 7

(3) 基于 FSMM 对 CQI 的修正及 MCS 选择策略修正

若 $RTT \approx 3T_f$，$1 \leqslant c_k \leqslant 3$，则发射端收到接收端反馈的 CQI 时,信道已发生变化,不再能够直接根据 CQI 判断信道状态,选择 MCS,须用 FSMM 的转移概率对 CQI 进行修正,估计信道状态:若 $CQI(k) \in [\Gamma_n, \Gamma_{n+1}]$,则判定 k 时刻信道状态 n,令 τ_d 为反馈时延,τ_n 为状态 n 的持续时间,则当 $\tau_n \leqslant \tau_d \leqslant 2\tau_n$ 时,则根据 $P_{k,k-1}$,$P_{k,k}$,$P_{k,k+1}$ 判断,取其中最大的值判定其下一个 MSC 模式。当 $n\tau_k \leqslant \tau_d \leqslant (n+1)\tau_k$ 时,则计算 n 步转移概率矩阵,计算 $CQI(k+1)$。若修正后的 $CQI \in [\Gamma_n, \Gamma_{n+1}]$,则选择模式 n。

(4) AMC/ARQ 跨层设计的改进

在确定了 P_{target},$N_r^{\max}$,γ_n 之后,跨层 AMC/ARQ 步骤如下。

① 每帧开始时,发射端接收反馈信号 CQI 及 ACK/NACK,根据反馈时延,计算新的 CQI。对于新发数据,若 $\Gamma_n \leqslant CQI \leqslant \Gamma_{n+1}$,则选择模式 n;若 CQI 低于最低 MCS 门限要求,则等待或重新选择子信道。

② 对重发数据,采用修正后的 CQI,根据式(4-69)预测链路性能,计算重发 $N_r^{\max}$ 的信噪比,若满足模式选择要求,则以前次相同模式重发;否则,等待或重新选择子信道重发。

③ 在接收端,对新发数据接收且检错,并向发送端反馈 ACK/NACK 及 CQI;对重发数据,采用 Chase 合并,如果重发 $\gg N_r^{\max}$ 次,则声明包丢失。

4.3.7 仿真结果及讨论

本节所有的仿真环境如下。(1)业务要求:目标误帧率为 0.01,重传次数为 1,帧周期 T_f 为 1 ms,每帧包含一个包。(2)物理系统:采用的 OFDM 系统信息速率为 20 Mbit/s,512 子载波/OFDM 符号,子载波信息比特率为 39.1 kbit/s,帧周期 T_f 为 1 ms,则每帧包含 40 个 OFDM 符号,载频选用 2 GHz,移动速度为 18.36 km/h,最大多普勒频移 f_m 为 33.8 Hz,$f_m T_f$ 为 0.033 8。(3)信道:采用 11 径 Jakes'模型信道模拟 $m=1$ 的 Nakagami-m(即瑞利分布)信道,$m=1$,$\overline{\gamma}=1$,表 4-4~表4-10 的内容已在前面讨论。

在移动速度为 3×18.36 km/h 条件下,假定反馈无错误,采用 CRC_16 检错,MCS 及门限、信道状态及转移概率如表 4-8 所示,$P_{loss}=0.01$,最大时延为 2RTT,即最大重传次数为 1。对上述 OFDM 系统,采用图 4-6 所示结构,分别采用原始跨层设计(不考虑反馈信号变化)和改进后的方案(考虑反馈信号统计变化)进行仿真,不同信噪比条件下,平均通过率如图 4-7 所示,平均误帧率如图 4-8 所示,可以看出,在高速移动环境中,改进后的跨层设计,平均通过率得到了提高,误帧率有明显下降。

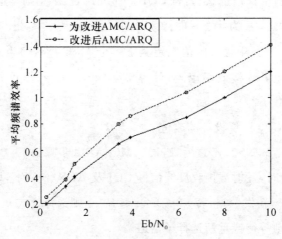

图 4-7　平均通过率比较

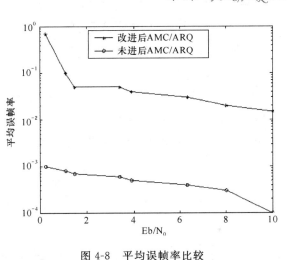

图 4-8 平均误帧率比较

4.4 基于队列模型的 AMC/ARQ 跨层设计性能评估

4.4.1 研究背景及意义

上节讨论了 AMC/ARQ 映射 QoS 的方法,问题的另一方面——基于队列模型,对给定 FSMM 上的 AMC-ARQ 跨层设计系统的性能评估,对 QoS 映射也有非常重要的意义,有了 FSMM 的 AMC-ARQ 跨层设计的队列模型,就可以根据信道状态评估系统性能,确定业务能够得到的 QoS 保障,从而确定该业务能否被接纳[13,14,15],实现动态控制,达到质量和效率的折中。因此,基于 FSMC 的 AMC-ARQ 跨层设计性能评估实质上是物理层—链路层的跨层的 QoS 映射。

基于 FSMC 的 AMC/ARQ 跨层设计性能评估方法是将物理信道状态及相关的 AMC、ARQ、带宽分配等技术以及链路层的队列技术结合为整体[3,16,17,18,19,20,21],形成内嵌 MARKOV 链,从而能够定量讨论其中任一或多个因素变化对系统提供的 QoS 的影响,本章参考文献[3]、[13]、[16]、[17]、[21]对采用 AMC-ARQ 跨层设计及不同调度策略的单载波无线链路给出了内嵌 MARKOV 链分析模型,并给出了平均时延、平均丢包率、平均通过率的计算,本章参考文献[13]、[17]通过内嵌 MARKOV 链分析模型,分别给出了连接级和包级性能计算及优化,本章参考文献[14]、[18]、[20]、[21]给出了 OFDM 结合业务到达、子载波分配及 AMC 的内嵌 MARKOV 链分析模型及基于此的性能评估方法,但模型中不包含队列及调度方法。进一步,由本章参考文献[14]、[18]、[20]、[21]可知,如果已知子载波上结合了队列、AMC/ARQ 的内嵌 MARKOV 链,可以采用扩展状态空间(增加子载波状态)的方法,得到完整的分析模型,因此,基于子载波的性能分析具有普遍意义。考虑到子载波的衰落独立性,可用单载波代替之,因此,本文仅研究单载波中将队列、AMC/ARQ 结合的基于 FSMC 的多维内嵌 MARKOV 链模型,分析了通过该模型计算 QoS 参数的方法,得到了 AMC/ARQ 性能评估的方法。

4.4.2 系统模型

1. 系统结构

系统的分层结构如图 4-6 所示,链路结构如图 4-9 所示,链路层的 ARQ 机制及物理层的 AMC 机制如上节所述,在上节所述的误帧率和时延限制下,AMC 门限如表 4-6 的第三行,反馈信道传输 CQI 和 ACK/NACK 信号,分别用以 AMC、ARQ,在帧传输期间不变化,反馈无时延、无差错。

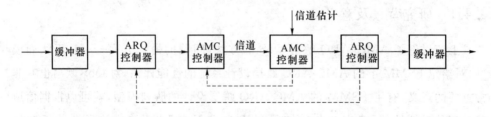

图 4-9　链路结构

2. 时隙结构

假设每帧包含一个包,每个包的长度相同,忽略开销。假设物理信道为平坦衰落且服从 Nakagami-m 分布,规定信道状态持续时间为模式 1(即采用 BPSK)的时间,当信道状态为 C_n(即采用模式 n 时),一个持续时间内,传送 n 个包(帧),传送 1 个包或帧的时间为:

$$L_n = \frac{R_b}{nR_s} \tag{4-59}$$

其中,R_b 为比特率,R_s 为符号率。

3. 信道的 FSMC

信道为平坦衰落且服从 Nakagami-m 分布,AMC 的门限选择及优化方法如上节所述,在上节规定的时延及误帧率参数限定下,AMC 门限如表 5-6 的第三行所示,以 AMC 的门限为 FSMC 的门限,在 $m=1,\bar{\gamma}=1$,移动速度为 18.36 km/s 的信道上,由式(4-18)计算状态持续时间,大于 RTT,因此是合理的,由式 4-26~式 4-31 计算转移概率及稳态概率,由式(4-59)计算误帧率,结果示于表 4-11 中。

表 4-11　移动速度为 18.36 km/s 的 FSMC 状态转移概率

门限/dB	0	−0.503 2	2.643 9	5.751 6	9.664 8	12.206 5	18.135 7
调制模式	无信息发送	1/2BPSK	1/2QPSK	3/4QPSK	9/1616QAM	3/416QAM	3/464QAM
$p_{k,k+1}$	0.055 7	0.072 7	0.028 2	0.001 1	0.000 2	0.000 0	
$p_{k,k-1}$		0.130 6	0.134 6	0.165 0	0.257 9	0.345 4	0.683 6
$p_{k,k}$	0.944 3	0.796 7	0.837 2	0.833 9	0.741 9	0.654 6	0.316 4
平均误帧率	1.000 0	0.042 9	0.037 8	0.044 2	0.064 3	0.075 5	0.092 6

4.4.3　AMC/ARQ 跨层设计的队列分析

1. 状态空间

设状态空间为:

$$\{(n_i,q_i,r_i):n_i \in [0.n],q_i \in [0,B],r_i \in [0.N_r]\}, \tag{4-60}$$

其中,n_i 代表信道状态,q_i 代表队长,r_i 代表重发次数,(n_i,q_i,r_i) 表示信道状态为 C_i 时,有 q_i 个包存在缓冲器中,缓冲器的第一个包已完成 r_i 次重发。

2. 状态空间的转移概率及稳态分布

(1) 子空间转移概率及稳态分布

考察状态空间的转移概率,将时间轴按一帧 BPSK 传输的时间分段,令 t_i 为第 i 个时间段的起点,若信道状态为 c_i,则该时间段将有 R_i 个时隙,在每个时隙将有不同的 (q_i,r_i),对第 j 时隙,令其为 $(q_{(i,j)},r_{(i,j)})$,可以看作信道状态的子空间,其中,$j \in [0,R_i-1]$,令 $s_{i,j}$ 表示第 j 时隙的时间起始点,则

$$s_{i,0}=t_i,\ s_{i,R_i}=t_{i+1}$$

定义子空间稳态概率:

$$\boldsymbol{\pi}^{(j,n)}=\left[\pi_{(0,0)}^{(j,n)}\ \pi_{(1,0)}^{(j,n)}\ \cdots\ \pi_{(1,N_r)}^{(j,n)}\ \cdots\ \pi_{(B,0)}^{(j,n)}\ \cdots\ \pi_{(B,N_r)}^{(j,n)}\right] \tag{4-61}$$

定义子空间转移概率:

$$\boldsymbol{T}^n = \begin{pmatrix} T^n_{(0,0)(0,0)} & T^n_{(0,0)(0,1)} & \cdots & T^n_{(0,0)(B,N_r)} \\ T^n_{(1,0)(0,0)} & T^n_{(1,0)(0,1)} & \cdots & T^n_{(1,0)(B,N_r)} \\ \vdots & \vdots & & \vdots \\ T^n_{(B,0)(0,0)} & T^n_{(B,0)(0,1)} & \cdots & T^n_{(B,0)(B,N_r)} \end{pmatrix} \tag{4-62}$$

则

$$\pi^{(R_n,n)} = \pi^{(0,n)} T^{R_n}_n \tag{4-63}$$

给定均值为 λ，平均服务时间为 μ 的 Poisson 到达过程，则：

$$T^n_{(0,0)(v,0)} = \begin{cases} P_{A/(j,n)}(v) & v < B \\ 1 - \sum_{k=1}^{B-1} P_{A/(j,n)}(k) & v = B \end{cases} \tag{4-64}$$

若 $1 \leqslant x \leqslant B-1$ 且 $0 \leqslant y \leqslant N_r - 1$，则

$$T^n_{(x,y)(v,y+1)} = \begin{cases} \overline{PER_n} P_{A/(j,n)}(v-x) & v < B \\ \overline{PER_n}(1 - \sum_{k=1}^{B-1-x} P_{A/(j,n)}(k)) & v = B \end{cases} \tag{4-65}$$

$$T^n_{(x,y)(v,0)} = \begin{cases} (1 - \overline{PER_n}) P_{A/(j,n)}(v-x+1) & x-1 \leqslant v < B-1 \\ (1 - \overline{PER_n})(1 - \sum_{k=1}^{B-1-x} P_{A/(j,n)}(k)) & v = B-1 \end{cases} \tag{4-66}$$

若 $1 \leqslant x \leqslant B-1$ 且 $y = N_r$，则

$$T^n_{(x,N_r)(v,0)} = \begin{cases} P_{A/(j,n)}(v-x+1) & x-1 \leqslant v < B-1 \\ 1 - \sum_{k=1}^{B-1-x} P_{A/(j,n)}(k) & v = B-1 \end{cases} \tag{4-67}$$

若 $x = B$，且 $0 \leqslant y \leqslant N_r - 1$，则

$$T^n_{(B,y)(B,y+1)} = \overline{PER_n}$$

$$T^n_{(B,y)(B-1,y)} = 1 - \overline{PER_n} \tag{4-68}$$

若 $x = B$，且 $y = N_r$，则

$$T^n_{(B,N_r)(B-1,0)} = 1 \tag{4-69}$$

$P_{A/(j,n)}(a)$ 代表 n 状态的 j 时隙到达 a 个包的概率

$$P_{A/(j,n)}(a) = \frac{(\lambda L_n)^a}{a!} \exp(-\lambda L_n) \tag{4-70}$$

3. 全空间转移概率及稳态分布

定义全部状态空间的稳态概率为：

$$\phi = [\phi_0, \phi_1, \cdots, \phi_N] \tag{4-71}$$

其中，$\phi_n = [\phi_{(n,0,0)}, \phi_{(n,1,0)}, \cdots, \phi_{(n,1,N_r)}, \cdots, \phi_{(n,B,N_r)}]$，则

$$\phi P = \phi, \text{且} \sum_{n=1}^{N} \Big[\sum_{\phi_{(n,q,r)} \in \phi_n} \phi(n,q,r)\Big] = 1 \tag{4-72}$$

其中，内嵌 MARKOV 链 $\boldsymbol{P} = \begin{bmatrix} P_{0,0} & \cdots & P_{0,N} \\ \vdots & & \vdots \\ P_{N,0} & \cdots & P_{N,N} \end{bmatrix}$ \tag{4-73}

$$P_{n,l} = P_{n,l} A_n \tag{4-74}$$

$$A_n = T_n^{R_n} \tag{4-75}$$

$P_{n,l}$ 为信道转移概率，由式(4-72)可以求出稳态分布 ϕ。

4.4.4　QoS 性能分析

1. 丢包率

AMC/ARQ 的丢包由误帧和缓冲器满两个原因形成。

当信道状态为 n，在 $j-1$ 时隙，状态空间为 (n,q,r) 时，j 时隙由缓冲器满丢包数为：

$$\overline{N}_b(j,n,q,r) = \sum_{a=B-q+1}^{\infty} [a-(B-q)]P_{A/j,n}(a)$$

$$= \lambda L_n \Big[1 - \sum_{a=1}^{B-q+1} P_{A/(j,n)}(a)\Big] - (B-q)\Big[1 - \sum_{a=0}^{B-q} P_{A/(j,n)}(a)\Big] \tag{4-76}$$

j 时隙由缓冲器满平均丢包数为：

$$\overline{N}_b(j,n) = \sum_{q,r} \pi_{q,r}^{j-1,n} \overline{N}_b(j,n,q,r) \tag{4-77}$$

$$\pi^{0,n} = \frac{\phi_n}{\sum_{q,r} \pi_{q,r}^{0,n}} = \frac{\phi_n}{\Pr(n)} \tag{4-78}$$

由式(4-63)可算出 $\pi^{j,n}$，则

$$\overline{N}_b = \sum_{n=1}^{N} \Pr(n) \Big(\sum_{j=1}^{k_n} \overline{N}_b(j,n)\Big)$$

由信道误帧产生的丢包为

$$\overline{N}_f(j,n) = \sum_{q=1}^{B} \pi_{q,N_r}^{j-1,n} \overline{PER}_n \tag{4-79}$$

$$\overline{N}_f = \sum_{n=1}^{N} \Pr(n) \Big(\sum_{j=1}^{k_n} \overline{N}_f(j,n)\Big) \tag{4-80}$$

全部丢包率为

$$\overline{\xi} = \frac{\overline{N_b} + \overline{N_f}}{\lambda T_f} \tag{4-81}$$

2. 平均通过率

平均通过率为

$$\overline{S} = \lambda N_p (1 - \overline{\xi}) \tag{4-82}$$

3. 平均包时延

全部的包时延分为两部分：(1)从包到达到下一个时隙的等待时间 D_E；(2)包在内嵌 MARKOV 链中的时间 D_Q，这包括排队、重发及服务。

一般地，对 AMC 的模式 n，由于考虑时隙起点

$$D_E(n) \approx L_n/2; \tag{4-83}$$

$$D_E = \frac{\sum\limits_{n=1}^{N} k_n \mathrm{Pr}(n) D_E(n)}{\sum\limits_{n=1}^{N} k_n \mathrm{Pr}(n)} \tag{4-84}$$

$$D_Q = \frac{\overline{Q}}{\lambda(1 - P_b)} \tag{4-85}$$

其中，$\overline{Q}$ 为传输队列中的平均包数，P_b 为有包丢失的概率。

$$\overline{Q} = \sum_{n=1}^{N} \Big[\sum_{q=1}^{B} q \big(\sum_{r=0}^{N_r} \varphi(n,q,r) \big) \Big], \quad P_b = \frac{\overline{N_b}}{\lambda T_f} \tag{4-86}$$

$$D = D_E + D_Q \tag{4-87}$$

4. 考虑子载波选择的性能分析

若直接采用内嵌 MARKOV 链的方法分析子载波选择结合 AMC/ARQ 跨层设计，必须扩展状态空间，增加计算量。本文采用不扩展状态空间，仅根据队列性能确定子载波选择概率的方法，为此，令子载波的效用函数分别为：

$$U_i = 1 - \frac{1}{1 + \exp(-(D_i - D_i^{\mathrm{req}}))} \quad (\text{若子载波用以实时业务}) \tag{4-88}$$

$$U_i = \frac{1}{1 + \exp(-(\overline{S_i} - S^{\mathrm{req}}))} \quad (\text{若子载波用以非实时业务}) \tag{4-89}$$

定义子载波被选取的概率为：$p_i = aU_i$，若有 N 个子载波，则 $\sum\limits_{i=1}^{N} aU_i = 1$，由此确定 a，若某业务分配了 K 个子载波，则时延和丢包率分别为：

$$\overline{D} = \sum_{i=1}^{K} p_i D_i \quad \overline{\xi} = \sum_{i=1}^{K} p_i \xi_i \tag{4-90}$$

4.4.5 实例及计算

假定 $m=1$，$\overline{\gamma}=1$，采用 BPSK 传输 1 帧信息所需时间为 1 ms，$f_m T_P = 0.033\,8$ 的信道，假定目标误帧率为 0.01，最大重传次数为 1，则 AMC 门限及信道转移概率如表 4-6 所示。假定数据平均到达率为 $\lambda=1$ 包/ms，每包长度为 1 kbit/s，忽略信道编码开销，则在 1 ms 内，各模式所传输的帧（包）数为：0、1、2、2、4、4、4，假设缓冲器长度为 3，则子状态转移概率为：

$$T_n = \begin{bmatrix} T^n_{(0,0)(0,0)} & T^n_{(0,0)(1,0)} & \cdots & T^n_{(0,0)(3,1)} \\ T^n_{(1,0)(0,0)} & T^n_{(1,0)(1,0)} & \cdots & T^n_{(1,0)(3,1)} \\ \vdots & \vdots & & \vdots \\ T^n_{(3,1)(0,0)} & T^n_{(3,1)(1,0)} & \cdots & T^n_{(3,1)(3,1)} \end{bmatrix}_{7\times 7}$$

$$= \begin{bmatrix} p(0) & p(1) & 0 & p(2) & 0 & c2 & 0 \\ \beta\times p(0) & \beta\times p(1) & \alpha\times p(0) & \beta\times c1 & \alpha\times p(1) & 0 & \alpha\times c1 \\ p(0) & p(1) & 0 & c1 & 0 & 0 & 0 \\ 0 & \beta\times p(0) & \alpha\times p(0) & \beta\times c0 & \alpha\times p(1) & 0 & \alpha\times c1 \\ 0 & p(0) & 0 & c0 & 0 & 0 & 0 \\ 0 & 0 & 0 & \beta & 0 & 0 & \alpha \\ 0 & 0 & 0 & 1 & 0 & 0 & 0 \end{bmatrix}$$

其中，$P_{A/(j,n)}(a) = \dfrac{(\lambda L_n)^a}{a!}\exp(-\lambda L_n)$，$\beta = 1-\overline{\mathrm{PER}_n}$，$\alpha = \overline{\mathrm{PER}_n}$，$c2 = 1-p(0)-p(1)-p(2)$，$c1 = 1-p(0)-p(1)$，$c0 = 1-p(0)$。

内嵌 MARKOV 链：假定符号速率为 1 Mbit/s，采用不同模式的包的持续时间分别为：

$$L_0 = L_1 = 1\text{ ms},\ L_n = L_0/R_n$$

R_n 为比特/符号，由式(4-84)、式(4-85)和表 4-6 可得：

$$P = \begin{bmatrix} 0.9443T_0 & 0.0557T_0 & 0 & 0 & 0 & 0 & 0 \\ 0.1306T_1 & 0.7967T_1 & 0.0727T_1 & 0 & 0 & 0 & 0 \\ 0 & 0.1346T_2^2 & 0.8372T_2^2 & 0.0282T_2^2 & 0 & 0 & 0 \\ 0 & 0 & 0.1650T_3^2 & 0.8339T_3^2 & 0.0011T_3^2 & 0 & 0 \\ 0 & 0 & 0 & 0.2579T_4^4 & 0.7419T_4^4 & 0.0002T_4^4 & 0 \\ 0 & 0 & 0 & 0 & 0.3454T_5^4 & 0.6546T_5^4 & 0.0000 \\ 0 & 0 & 0 & 0 & 0 & 0.6836T_6^6 & 0.3164T_6^6 \end{bmatrix}$$

由式(4-83)可得每信道状态的 0 时刻稳态分布如表 4-12 所示。

表 4-12　0 时刻稳态分布

状态 $n/(q,r)$	0	1	2	3	4	5	6
(0,0)	0.054 0	0.032 2	0.013 1	0.002 1	0.000 0	0	0
(1,0)	0.048 4	0.056 8	0.028 4	0.004 7	0.000 0	0	0
(1,1)	0.088 4	0.007 7	0.001 3	0.000 2	0.000 0	0	0
(2,0)	0.205 1	0.127 7	0.082 2	0.014 3	0.000 1	0	0
(2,1)	0.044 2	0.003 8	0.000 4	0.000 1	0.000 0	0	0
(3,0)	0.021 4	0.012 1	0.007 6	0.001 3	0.000 0	0	0
(3,1)	0.128 0	0.011 1	0.002 8	0.000 6	0.000 0	0	0

假定状态 0 不发包,所以不存在丢包,由式(4-82)、式(4-83)求得平均丢包率和平均通过率大约分别为 0.018 bit/s、982 bit/s,由式(4-84)~式(4-87)求得平均包时延为 0.49 ms。

图 4-10、图 4-11 分别示出了丢包率、时延的理论计算值与在仿真中得到的测试值,图中信噪比为 0 时,不传输信息,所以不考虑丢包率和时延,由于规定平均信噪比为 1,信噪比较高时的状态不出现,丢包率和时延都为 0,仿真中的测试值大于理论计算值,这是由于实际系统中采用的纠错码的解码技术不能达到理想增益所致。

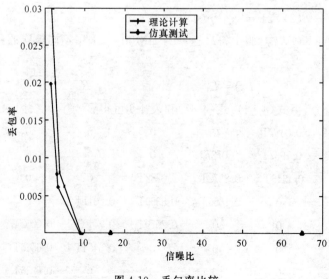

图 4-10　丢包率比较

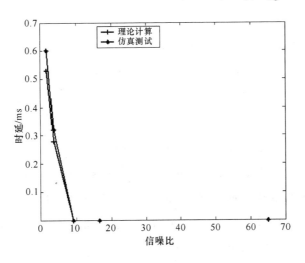

图 4-11 时延比较

4.5 本章小结

本章通过建立状态持续时间相等的 OFDM 子信道 FSMC（有限状态 MARK-OV 信道），解决了基于状态幅度的 FSMC 不能支持 AMC/ARQ 跨层设计的问题，基于此，提出了基于 OFDM 频域子载波的 AMC/ARQ 跨层设计并进行了优化设计，收到了满足时延和丢包率且频谱效率最高的效果并实现了 QoS 跨层映射。针对 OFDM 子信道状态对高速移动的敏感性，本文基于相等持续时间的 FSMM 对跨层设计做出了进一步改进，得到了适应高速移动的 AMC/ARQ 跨层设计。最后以信道 FSMC 为基础，采用内嵌 MARKOV 链方法和队列方法，给出了 AMC/ARQ 跨层设计系统的丢包率、时延评估方法。随着宽带接入网中 OFDM 技术和跨层设计的广泛使用，AMC/ARQ 跨层设计及在动态控制中的应用必将得到更深入的研究。

本章参考文献

［1］ Qingwen Liu，Shengli Zhou，Giannakis G B. Cross-layer Combining of Adaptive Modulation and Coding with Truncated ARQ overwireless Links［J］. IEEE Transactions on Wireless Communication，2004，3

(5):1746-1755.

[2] Xin Wang,Qingwen Liu,Giannakis G B. Analyzing and Optimizing A-daptive Modulation Coding jointly with ARQ for QoS-Guaranteed Traffic[J]. IEEE Trans. on Vehicular Technology, 2007, 56 (2): 710-720.

[3] Qingwen Liu,Shengli Zhou,Giannakis G B. Queuing with Adaptive Modulation and Coding over Wireless Links:Cross-Layer Analysis and Design[J]. IEEE Trans. Wireless Commun. 2005,4(5):1142-1153.

[4] Gilbert E N. Capacity of a Burst-Noise Channel[J]. The Bell System Technical Journal, 1960,39(9):1253-1265.

[5] Hongshen Wang, Moayeri N. Finite-State Markov Channel-A Useful Model for Radio Communication Channels [J]. IEEE Transactions on Vehicular Technology, 1995,44(1):163-171.

[6] Hongshen Wang. On Verifying the First-Order Markovian Assumption for a Rayleigh Fading Channel [J]. IEEE Trans on Vehicular Technology, 1996,45(2):353-357.

[7] Qinqing Zhang,Kassam S A. Finite-state Markov Model for Rayleigh Fading channels[J]. IEEE Trans on Commun,1999,47(11):1688-1692.

[8] Iskander Cyril-Daniel,Mathiopoulos P T. Fast Simulation of Diversity Nakagami Fading Channels Using Finite-State Markov Models[J]. IEEE Transactions on Broadcasting, 2003,49(9):269-277.

[9] Zhengjiu Kang, Kung Yao, Lorenzelli F. Nakagami-m Fading Modeling in the Frequency Domain for OFDM System Analysis[J]. IEEE Communications Letters, 2003,7(10):483-486.

[10] Zheng Du,Cheng Julian,Beaulieu N C. Accurate Error-Rate Performance Analysis of OFDM on Frequency-Selective Nakagami-m Fading Channels[J]. IEEE Trans on Commun, 2006,54(2):319-328.

[11] Sanghoon Sung,In-Seok Hwang,Soonyoung Yoon. On the Gain of Data Rate Control in OFDMA Systems[C]. 1st International Workshop

on Broadband Convergence Network，BcN，2006.

[12] Onodera T，Nogami T，Nakamura O. AMC Design for Wideband OFDM Maintaiong Target Quality over Time-Varying Channels[C]. The 18th Annual IEEE International Symposium on Personal，Indoor and Mobile Radio Communications（PIMRC'07），2007(9)：1-5.

[13] Niyato D，Hossain E. Adaptive Fair Subcarrier/Rate Allocation in Multirate OFDMA Networks：Radio Link Level Queuing Performance Analysis[J]. IEEE Transactions on Vehicular Technology，2006,55(11)：1897-1907.

[14] Sikdar B. An Analytic Model for the Delay in IEEE 802. 11 PCF MAC-Based Wireless Networks[J]. IEEE Transactions on Wireless Communications，2007,6(4)：1542-1550.

[15] Yan Zhang. Call Admission Control in OFDM Wireless Multimedia Networks [C]. IEEE International Conferece on Communicaion，2008(5)：4154 -4159.

[16] Dusit Niyato，Ekram Hossain. A Novel Analytical Framework for Integrated Cross-Layer Study of Call-Level and Packet-Level QoS in Wireless Mobile Multimedia Networks[J]. IEEE Transactions on Mobile Computing，2007,6(3)：322-335.

[17] Niyato D，Hossain E，A Queuing-Theoretic and Optimization-Based Model for Radio Resource Management in IEEE 802. 16 Broadband Wireless Networks[J]. IEEE Transactions on Computers,2006,55(11)：1473-1488.

[18] Eunsung Oh，Seungyoup Han，Choongchae Woo. Call Admission Control Strategy for System Throughput Maximization Considering Both Call- and Packet-Level QoS[J]. IEEE Transactions on Communications,2008,56(10)：1591-1595.

[19] Jui-Chi Chen，Wen-Shyen，Chen E. Call Blocking Probability and Bandwidth Utilization of OFDM Subcarrier Allocation in Next-generation Wireless Networks[J]. IEEE Communications Letters,2006,10(2)：82-84.

[20] Le L B，Hossain E，Alfa A S. Delay Statistics and Throughput Performance for Multi-rate Wireless Networks Under Multiuser Diversity

[J]. IEEE Transactions on Wireless Communications，2006，5(11)：3234-3243.

[21] Zhang Yan，Yang Xiao，Hsiao-Hwa Chen. Queueing Analysis for OFDM Subcarrier Allocation in Broadband Wireless Multiservice Networks[J]. IEEE Transactions on Wireless Communications，2008，7(10)：3951-3961.

第5章
宽带无线接入网的动态接纳控制研究

5.1 引 言

接纳控制通过控制接入网络的业务数量,保证业务与网络资源的匹配而提供 QoS 保证,是最重要的控制策略之一,在宽带无线接入网中,由于资源的稀缺性和波动性,接纳控制策略必须跟踪资源的动态特性并最有效地利用资源才能充分保证业务质量。因此,基于业务参数和网络特征,特别是决定网络容量的关键因素——信道容量的动态资源分配及结合资源分配的动态接纳控制技术成了 QoS 保证的重要手段。

IEEE802.11 和 802.16d/e 是目前最流行的宽带无线接入网协议之一,对接纳控制机制已经作了一些定义,如:IEEE 802.11eMAC 协议的 EDCF 机制通过区分竞争窗口及帧间隔,提供区分业务,避免了 IEEE 802.11 的 DCF 机制只能提供同类竞争服务的缺点,IEEE 802.11eMAC 协议的 HCCA 机制则提出了由 QAP(提供 QoS 机制的业务接入点)控制和分配资源的参考接纳控制机制,802.16d/e 则定义了连接服务、业务类型、QoS 框架,定义了由接纳控制实现 QoS 保证。相应地,有关宽带无线接入网的接纳控制的文献也有很多,如本章参考文献[1]、[2]提出的 EDCF 机制的分布式接纳控制 DAC 以及本章参考文献[3]、[4]、[5]、[6]、[7]、[8]中相应的改进,本章参考文献[9]、[10]对 HCCA 的可变比特业务的接纳控制的研究,本章参考文献[3]、[9]、[11]、[12]、[13]、[14]、[15]对 802.16d/e 包调度的研究以及本章参考文献[16]、[17]、[18]、[19]、[20]、[21]中对 802.16d/e 接纳控制的研究。总的说来,这些机制或研究还存在以下问题:(1)机制本身不够完善,如 EDCF 不能提供量化 QoS 保证,只能提供区分服务,HCCA 没有业务类别区分和对可变比特业务的支持,802.16d/e 则只定义了 QoS 框架,对于调度、接纳控制算法未作定义;(2)基本没有考虑无线资源的稀缺性和波动性,导致机制的效率和动态跟踪性能不好,最终不能很好地提供 QoS 保证;(3)相应的改进在解决业务 QoS 性能保证方面比较成功,但在提高系统效率上仍有不足,特别是对物理层 OFDM、AMC 等技术考虑不够。

事实上,尤其是近年来,宽带无线接入协议的物理层都采用了许多新技术,如 OFDM、AMC 及多天线技术,特别是 OFDM 的并行传输特点可以实现结合业务特征和信道特点的子载波及比特分配,使业务控制能够动态跟踪信道,最终实现跨层的资源分配和动态接纳控制,在网络效率和业务质量上同时得到提高。

基于上述考虑,本章研究了基于 OFDM 子载的动态接纳控制。对 IEEE802.11e 的 EDCA,通过 OFDM 子载波比特分配、自适应更新授予带宽等措施跟踪网络及业务动态特征,通过对分布式的、半模式化的每流接纳控制的测量及模式计算方法的改进,达到了保证业务质量的同时,提高系统效率,仿真结果显示性能优良。对 HCCA,通过 OFDM 子载波比特分配,使物理资源分配最优化,基于单个可变比特流的丢包性能和可变比特的统计复用性能分析,提出了有效 TXOP 作为可变比特流的接纳标准,使带宽和丢包率同时得到保证,将比特分配和有效 TXOP 用以改进参考接纳机制,使 QoS 得到保证的同时,系统效率提高,仿真证明了这一点。对 HCCA,还提出了根据业务优先权的站内 OFDM 子载波分配和接纳控制机制,仿真显示该方法对多媒体流效果较好。对 802.16d/e,通过 OFDMA 的子载波及比特分配,在保证子站业务量比例和功率限制下,频谱效率达到最优,通过采用优化的带宽门限,资源预留机制中的用户满意度达到最优,通过两级调度机制,实现根据业务 QoS 要求选择信道的目标,充分保证业务质量,通过采用有效带宽作为接纳标准,可变比特流的带宽及时延和丢包率同时得到保证,仿真表明,基于上述措施的接纳控制在保证业务质量的同时,使系统效率达到了最大。

5.2 基于跨层的自适应预留带宽和多重 QoS 保证的 EDCA 流接纳控制

5.2.1 研究背景及意义

逐渐增多的多媒体业务要求无线局域网提供多级、多重量化 QoS 保证[27,28],

与此同时,无线局域网中日益紧张的无线频谱、时变的无线信道和用户的随机移动导致的无线资源的稀缺性和波动性使 QoS 保证变得更具挑战性,如何在充分利用无线资源的基础上为多媒体业务提供多级、多重量化 QoS 保证是当前的研究热点之一。IEEE802.11eEDCA 是目前主要的能提供 QoS 保证的宽带无线局域网接入技术,其提供量化 QoS 保证的方法为分布式接纳控制算法(DAC,Distributed Access Control),本章参考文献[2]于 2003 年在的 draft 中提出并在本章参考文献[14]中得到了改进,该算法存在以下问题:(1)在计算网络资源时,没有考虑链路层或物理层可采用的自适应技术,导致资源利用率不高;(2)根据业务权重和业务量预先静态设定的预留带宽不能自适应于业务 QoS 及网络资源,业务质量不能得到动态保证且资源利用率低下;(3)站点直接测量剩余带宽因子的局部性导致带宽分配不准确;(4)以单一的带宽作为接纳标准不能从多方面真正保证业务 QoS;(5)不考虑用户满意度的接入参数的设置使业务质量受到损失。针对以上问题,人们做出了以下改进:本章参考文献[1]针对问题(2),提出了动态更新预留带宽的方法,根据业务优先权、负载及利用率等,动态更新预留带宽,提高了资源利用率,但当系统采用 AMC 时,这种基于集中式测量的更新方法不能考虑不同站点的不同信道所导致的同类业务的不同负载及资源利用率这一特点,本章参考文献[3]针对问题(2),提出了 HARMONIC 算法,根据 LQI(链路质量指示器)值动态改变窗口参数和业务带宽,但没有提出链路质量与资源分配的量化关系,这一缺陷导致多业务条件下仍然只能采用搜索方法,实现资源分配,难以做到实时最优。针对问题(3),本章参考文献[21]提出了基于模式的接纳控制机制,由 AP 测量信道碰撞概率、空闲概率,成功传输概率、平均载荷等,由双 MARKOV 链计算每流可达通过率,进行接纳控制,类似的还有本章参考文献[17],得出了理想和有错信道的时延表达,提出了满足通过率及时延限的接纳控制算法,本章参考文献[22]提出了突发信道中 TXOP 模型并给出了计算方法。但基于模式的方法计算复杂,不适于在线控制,同时,自适应技术导致的可变比特率以及可变比特率将导致模式计算更加复杂。针对问题(4),本章参考文献[8]提出了以信道碰撞概率作为网络性能度量和接纳判决准则,以实现对现有流的保护,本章参考文献[5]基于双令牌桶方法,综合业务QoS 参数,提出了具有时延保证的保证速率,对可变业务流进行了有效保护,但前者没有将碰撞概率与业务参数结合起来,后者的保证速率也只将业务的到达率变化和带宽结合,都不能提供多重 QoS 保证的接纳控制。

EDCA 机制中基于 OFDM 的自适应资源分配得到了广泛研究,本章参考文

[23]首先提出了单用户OFDM中比特率受限、功率最小的比特分配方法,但算法复杂,本章参考文献[24]、[25]给出了具有功率限制和误比特率约束、比特率最大的次优资源分配算法,本章参考文献[26]从流控制、路由、功率及速率等多方面对跨层资源分配进行了研究,但目前这些研究没有将自适应资源分配与业务QoS相结合,实现自上而下的自适应,使业务QoS和资源利用率同时得到保证。

本文提出了一种新的基于跨层的自适应预留带宽和具有多重QoS保证的802.11eEDCA流接纳控制。首先,自适应地分配各站点OFDM子载波比特以保证最大化信道容量,并将比特率跨层传送到MAC层。基于此,提出了基于分布式测量的动态带宽预留机制,使预留带宽自适应各用户信道特点和业务特征;提出了半模式化的中心控制的剩余因子估计方法,克服了直接测量的不准确性和分布式测量的局部性并使计算复杂度降低;提出了基于协议模型的带宽和碰撞率双重接纳标准,使多重QoS参数同时得到保证。通过这些措施,得到自上而下的自适应接纳控制。仿真表明,本文提出的接纳控制机制能较大地提高资源利用率,更好地保证业务质量。

5.2.2 优化的OFDM子载波比特分配

1. 优化模型

假定在EDCA的调度时隙内频域信道为准静态衰落的OFDM系统,在第k个站点的第i个子载波上,接收符号为:

$$r_{i,k} = H_{i,k}s_{i,k} + N_{i,k} \tag{5-1}$$

其中,$s_{i,k}$是第k个站点的第i个子载波上的调制数据,$H_{i,k}$是该子载波的频域复信道增益,$N_{i,k}$是零均值复高斯噪声,令$p_{i,j} = E[|s_{i,j}|^2]$,则对于是M阶Gray映射的QAM,该子载波上的速率为:

$$R_{i,k} = \log_2\left(1 + \frac{p_{i,k}|H_{i,k}|^2}{\Gamma\sigma_z^2}\right) \tag{5-2}$$

其中,$\sigma_z^2 = N_0\frac{B}{N}$,$\Gamma = -\ln(5\text{BER})/1.6$,BER是$M$阶Gray映射的QAM的误比特率。

对于具有K个用户,每个用户具有N个子载波的系统的任一个用户,系统速率最大而保持全部功率在给定水平之下且保持一定误比特率(或误帧率)低于一定值的优化模型为:

$$\max_{p}(\frac{B}{N}\sum_{i=1}^{N}\log_2(1+\frac{p_i\,|\,H_i\,|^2}{\Gamma\sigma_z^2}))\tag{5-3}$$

受限于：

$$\begin{cases}(c1)\ p_i\geqslant 0\\[2mm](c2)\ E[\sum_{i=1}^{N}p_{i,k}]\leqslant p_k\end{cases}$$

2. 优化问题的求解

式(5-3)为非线性 N 阶整数优化问题，严格的数学求解计算复杂度高，不适合在线控制，将上述问题可转化为多用户"注水定理"，采用由 Lagrange Multiplier 法频域"注水定理"可得：

将 $H_{i,k}$ 按升幂排列，令 $H_{1,k}$ 为其中最小值，则：

$$p_{1,k}=\frac{p_k-V_k}{N}\tag{5-4}$$

$$p_{i,k}=p_{1,k}+\frac{H_{i,k}-H_{1,k}}{H_{i,k}H_{1,k}}\tag{5-5}$$

其中，$V_k=\sum_{i=2}^{N}\dfrac{H_{i,k}-H_{1,k}}{H_{i,k}H_{1,k}}$。由式(5-5)可知，信道状态越好，获得的功率越高。相应地

$$R_{i,k}=\left\lfloor\log_2(1+\frac{p_{i,k}\,|\,H_{i,k}\,|^2}{\Gamma\sigma_z^2})\right\rfloor\tag{5-6}$$

其中，$R_{i,k}$ 为第 k 个站点、第 i 个子载波上的比特率或 MQAM 的阶数。

$$R_k=r_s\sum_{i=1}^{N}R_{i,k}\tag{5-7}$$

其中，r_s 为 OFDM 的符号速率，R_k 为第 k 个站点的物理速率。

5.2.3 基于比特分配和分布式测量的预留带宽的更新

基于 OFDM 子载波比特分配，不同站点具有不同的比特率，须根据各站点的传送状态及业务负载平均计算预留带宽，才能使网络资源得到充分利用并保证业务 QoS。

1. 定义利用率因子

假定 $ALT(i)$ 是 AP 预留给业务 $AC(i)$ 的带宽，定义 $AC(i)$ 的利用率因子：

$$uw(i)=\frac{TX\_TIME(i)}{Total\_TXOP\_Used}\tag{5-8}$$

其中，$Total\_TXOP\_Used=\sum_{i}TX\_TIME(i)$。采用 AMC 后，各站点的

TX_TIME(i)将随信道改变而变化,因此,采用站点监测信道,根据 AMC 变化,记录每个站点的 TX_TIME(i)并反馈 AP,此时 uw(i)修正为:

$$\text{TX\_TIME}(i) = \sum_j \text{TX\_TIME}_j(i) \tag{5-9}$$

$$\text{Total\_TXOP\_Used} = \sum_j \sum_i \text{TX\_TIME}_j(i) \tag{5-10}$$

其中,j 为站点数。利用率因子代表了业务对网络资源的占有,为了保证业务所需带宽,所分配资源应与之成正比。

2. 定义权重因子

令 pw(i)为根据业务流量确定的业务权重,假定 $i = 1,2,3$,若带宽需求之比为 $1:2:7$,则可定义 pw(i) $= 0.1\backslash0.2\backslash0.7,i = 1,2,3$,在网络建立初期,负荷较小时,可直接根据该值预留带宽,但当业务时变时,pw(i)应随着时间变化,提高网络效率。采用前面定义的 uw(i)代替 pw(i),由于 uw(i)是瞬时函数,存在时间局限,而 IEEE802.11e 上行时间关联方法是与下一帧关联,因此可采用基于最小均方误差的线性预测的方法估计,即

$$\text{uw}_i(n) = \sum_{k=1}^M a_k \text{uw}_i(n-k), \tag{5-11}$$

其中的系数 a_k 可由最陡下降法求得。

3. 定义负载因子

$$\text{lw}(i) = \frac{\text{TX\_Load}(i)}{\text{Total\_TXOP\_Need}} \times \alpha \tag{5-12}$$

其中,α 为可用剩余带宽与总带宽之比。站点 j 传输一个 AC(i) MSDU(MAC 服务数据单元)所需时间为:

$$\tau_j(i) = \frac{\text{MSDU}(i)}{R_j} + t_{\text{ACK}} + \text{SIFS} + \text{AIFS}(i) \tag{5-13}$$

$$\text{TX\_Load}(i) = \sum_j \text{queenlength}_j(i) \times \tau_j(i) \tag{5-14}$$

$$\text{Total\_TXOP\_Need} = \sum_i \text{TX\_Load}(i) \tag{5-15}$$

负载因子反映了业务负载,为了保证质量,所分配资源应与之成正比。

4. AP 定义有效因子

AP 定义有效因子为:

$$\text{ew}(i) = \text{pw}(i) \times (1 + \text{lw}(i)) \tag{5-16}$$

5. AP 预留带宽

AP 预留带宽为:

$$\text{ALT}(i) = (\text{TIME\_}in\_\text{CP} - \text{Total\_TXOP\_Used}) \times \text{ew}(i) \qquad (5\text{-}17)$$

5.2.4　改进的碰撞概率及剩余因子计算

剩余因子定义为传输某类业务所用全部带宽与成功传输该类业务所用带宽之比,用来表征由于碰撞需要的额外带宽,在本章参考文献[10],剩余带宽因子由某站点测量,并传送给 AP 作为所有站点的同类业务的参数,事实上,采用 OFDM 子载波比特分配后,不同站点具有不同的数据速率,当发送完全相同的业务时,也具有不同的碰撞概率,因此,具有不同的剩余因子和传输预算时间,剩余因子的测量及计算应由各站点对业务流进行测量并由 AP 平均计算,但这样将增加 AP 与站点的握手次数,导致资源浪费;同时,该测量方法计算的剩余因子包含了本地排队导致的丢包,将使得分配带宽过大,资源浪费。由于 AP 已知各站点的信道状态和站点比特率,由 AP 测量并计算剩余因子更合适,但 AP 无法知道哪些包发生了碰撞,因此无法直接测量;另外,由于在 EDCA 中,接入流对网络状态影响较大,若 AP 采用直接测量方法必然会导致带宽盗用。AP 能方便地侦听信道的忙闲状态,从而根据 EDCA 的协议模型计算不同站点的业务流的碰撞概率和剩余因子,最后由同类业务的不同站点的剩余因子的最大值确定该类业务的剩余因子。

假定 AP 测得信道忙、闲的概率分别为 p_b、p_f,业务 $AC(i)$ 的 EDCA 参数集为 $\text{CW}_{j,\min}(i)$, $\text{AFIS}_j(i)$, $\text{CW}_{j,\max}(i)$,回退或重发次数为 R_i,对站点 j,则在饱和状态下,式(5-17)的双 MARKOV 链分析可得,当回退窗口没有达到最大窗口时,

$$\text{wp}_{j,0,0}(i) = $$
$$\frac{2d_{j,i}(1-2p_{j,c}(i))(1-p_{j,c}(i))}{\text{CW}_{j,\min}(i)(1-(2p_{j,c}(i))^{R_i+1})(1-p_{j,c}(i)) + (1-2p_{j,c}(i))(1-p_{j,c}^{R_i+1}(i))(2d_{j,i}-1)}$$

$$(5\text{-}18)$$

其中 $d_{j,i} = p_f^{aifs(i)}$,为站点 j 的 $AC(i)$ 退避状态转移概率,$p_{j,c}(i)$ 为站点 j 的 $AC(i)$ 碰撞概率,假定 $\text{wp}_{j,0,0}(i)$ 表示站点 j 在发送 $AC(i)$ 时,处于竞争窗初始状态(退避阶数及退避计数器余数为 0)的概率,由双 MARKOV 链分析可得

$$\text{wp}_{j,k,0}(i) = p_{j,c}(i) * \text{wp}_{j,k-1,0}(i) = p_{j,c}^k(i) * \text{wp}_{j,0,0}(i) \qquad (5\text{-}19)$$

站点 j 的 $AC(i)$ 在某时隙访问信道的概率为

$$\tau_j(i) = \sum_{k=0}^{R_i} \text{wp}_{j,k,0}(i) = \frac{1-p_{j,c}^{R_i+1}(i)}{1-p_{j,c}(i)} \text{wp}_{j,0,0}(i) \qquad (5\text{-}20)$$

在其他条件不变时,站点采用子载波比特分配后,具有不同比特率,不同站点

的同类业务访问信道的概率将与比特率成反比,假设站点 j 的比特率为 r_j,则

$$p_{j,c}(i) = 1 - \prod_{k=1}^{N}\left(\prod_{i=0}^{M-1}(1-\tau_k(i)/(1-\tau_j(i))\right) \tag{5-21}$$

其中, $\tau_k(i) = \dfrac{r_j}{r_k}\tau_j(i)$ 。

站点 j 的 AC(i)的内部碰撞概率为:

$$p_{j,v}(i) = 1 - \prod_{k=0,k\neq i}^{M-1}(1-\tau_j(k)) \tag{5-22}$$

$$p_{j,c}(i) = p_{j,v}(i) + p_{j,r}(i) \tag{5-23}$$

信道空闲概率为:

$$p_{\text{idle}} = 1 - \prod_{k=1}^{N}\prod_{i=0}^{M-1}(1-\tau_k(i)) \tag{5-24}$$

其中, $\tau_k(i) = \dfrac{r_j}{r_k}\tau_j(i)$ 。

联合求解式(5-18)～式(5-24)可求出 $p_{j,c}(i)$, $(i=0,1,\cdots,M-1)$,考虑上述求解过程可以发现, $p_{j,c}(i)$ 的求解仅与该类业务的最小窗口初始值、仲裁帧间隔、重发次数以及各站点的比特率有关,而这些参数都可以由 AP 方便获得,因此,本文提出了由 AP 计算各站点各类业务的碰撞概率的策略,以提高准确度和减少 AP 与站点的握手次数。

定义:

$$p_{j,c}(i) = 1 - \frac{1}{\text{SBA}_J(i)} \tag{5-25}$$

令

$$\text{SBA}(i) = \max_j(\text{SBA}_j(i)) \tag{5-26}$$

选取不同站点的同类业务的剩余因子中的最大值作为该类业务的剩余因子,可以提供最充分的带宽来克服碰撞。

5.2.5 业务 QoS 参数与碰撞概率

1. 流时延与重发次数

对 EDCA,当重发次数确定后,流时延由重发次数 R_i 和最小回退窗口 $\text{CW}_{i,\min}$ 确定,平均丢包时延可以由如下方式确定:

$$E_i(T_{\text{drop}}) = \frac{\text{CW}_{\min,i}(2^{R_{i,\max}+1}-1) + (R_{i,\max}+1)}{2}E_i(\text{slot}) \tag{5-27}$$

其中，$R_{i,\max}$ 是流 i 最大重发次数。忽略排队时延时，$E_i(\text{slot})$ 为流 i 的平均时隙时长：

$$E_i(\text{slot}) = \frac{\Gamma_i + \Gamma_s + \Gamma_c}{N_i + N_s + N_c} = p_{\text{idle}} T_i + p_s T_s + p_c T_c \tag{5-28}$$

其中，T_i, T_s, T_c 分别为空闲时间、成功传输时间、碰撞时间。

$$T_s = H + E[P] + \text{SIFS} + \text{ACK} + \text{AIFS}$$

$$T_c = H + E \times [P] + \text{SIFS} + \text{ACK\_Timeout}$$

其中，H 为各协议层附加在数据帧头部的长度，$E[P]$ 为成功传输的数据帧平均长度，$E \times [P]$ 为碰撞中最大数据帧长度的期望值，$p_{\text{idle}}, p_s, p_c$ 分别为空闲概率、成功传输概率和碰撞概率，p_{idle} 可由式(5-24)算出。

$$p_s = \sum_{j=1}^{N} \tau_j(i)(1 - p_j(i)), \quad p_c = 1 - p_{\text{idle}} - p_s$$

AP 可由信道忙、闲、碰撞概率计算出每流的平均时隙长度，假定 D_i 为流 i 的时延限，

$$R_{i,\max} = \left\lfloor \log_2\left(\frac{2D_i}{CW_{i,\min} E(\text{slot})} + 1\right) - 1 \right\rfloor \tag{5-29}$$

因此 AP 可计算出每流的最大重发次数。

2. 流的丢包率与碰撞率上限

碰撞和信道错误是主要的丢包原因，忽略缓冲器满丢包，则丢包率为：

$$p_{i,\text{drop}} = (1 - (1 - p_{i,\text{err}})(1 - p_{i,\text{col}}))^{R_i+1} \tag{5-30}$$

其中，$p_{i,\text{err}}$ 为误帧率，在 OFDM 子载波比特分配中，误比特率保持为定值，可由此值计算出误帧率；$p_{i,\text{col}}$ 为碰撞概率，由于 $0 < p_{i,\text{drop}} < 1$，所以当重发次数达到最大时，碰撞概率最大为

$$p_{i,\text{col},\max} = \frac{\sqrt[R_i+1]{p_{i,\text{drop}}} - p_{i,\text{err}}}{1 - p_{i,\text{err}}} \tag{5-31}$$

5.2.6　具有多重 QoS 保证的 EDCA 流接纳控制

1. 接入点 AP 接纳控制

(1) 根据信道特点，对接入站点进行 OFDM 子载波比特分配。

(2) 根据业务请求和站点状态计算 ALT(i)。

(3) 测量信道忙、闲概率，计算剩余因子。

(4) 根据丢包率、误帧率及最大重发次数计算各类业务最大碰撞概率并通过

信标帧传送给站点。

（5）计算各类业务剩余可用时间，通过信标帧发送给站点。

AP 保存参数 $AIFS(i)\backslash CW_{min}(i)\backslash CW_{max}(i)\backslash surplusfactor(i)\backslash ALT(i)\backslash Txtime(i)$ 对实时业务的接入类别 $AC(i)$、$AIFS(i)\backslash CW_{min}(i)\backslash CW_{max}(i)$ 保持恒定；$surplusfactor(i)$ 为剩余因子，$ALT(i)$ 为 $AC(i)$ 可用的最大带宽，$Txtime(i)$ 为 $AC(i)$ 传输一帧数据的所有时间（包括开销和帧间隔）。因此，$AC(i)$ 在下一个信标帧后可用的传输时间为：

$$TXOPBudget(i) = max(ALT(i) - Txtime(i) \times surplusfactor(i), 0)$$

$$(5-32)$$

2. 站点 STA 接纳控制

各站点保存参数 $TxRemainder(i), TxMemory(i), TxUsed(i), TxCounter(i)$, $TxLimiter(i)$，$TxUsed(i)$ 用以记录该站已接纳的 $AC(i)$ 在线传输所须时间或新接纳的 $AC(i)$ 请求带宽；$TxCounter(i)$ 用以记录该站 $AC(i)$ 成功传输所用时间；$TxMemory(i)$ 用以记录该站 $AC(i)$ 在一个信标帧中所用资源；$TxLimiter(i)$ 表示该站 $AC(i)$ 能用的最大资源；$TxRemainder(i)$ 表示一个帧被禁止后，该站 $AC(i)$ 所剩资源。

1. 若 $TXOPBudget(i) = 0$，则下一个信标帧中以 $AC(i)$ 接入的站被拒绝，且该站点保持：

$$TxMemory(i) = 0, TxRemainder(i) = 0, TxLimiter(i) = 0 \qquad (5-33)$$

对其他站，保持 $TxMemory(i)$，$TxRemainder(i)$，$TxLimiter(i)$ 不变。

2. 若 $TXOPBudget(i) > 0$，采用碰撞概率和带宽双重接纳标准。首先，根据剩余因子由式(5-26)计算碰撞概率，若碰撞概率大于最大碰撞概率，则下一个信标帧中以 $AC(i)$ 接入的站被拒绝，且该站点保持 $TxMemory(i) = 0$，$TxRemainder(i) = 0$, $TxLimiter(i) = 0$。

若 $TXOPBudget(i) > 0$，但碰撞概率小于最大碰撞概率，则下一个信标帧中以 $AC(i)$ 接入的站有如下特性：

$$TxMemory(i) \in [0, TXOPBudget(i)/Surplusfactor(i)] \qquad (5-34)$$

对其他站作如下更新：

$$TxMemory(i) = f \times TxMemory(i) + (1 - f)$$
$$\times ((TxCounter(i) \times Surplusfactor(i) + TXOPBudget(i)))$$

$$(5-35)$$

更新后，令

$$TxCounter(i) = 0 \qquad (5-36)$$

对已接入流或新接入流，都有：

$$TxLimiter(i) = TxMemory(i) + TxRemainder(i) \tag{5-37}$$

（1）对新的 $AC(i)$

$$TXOPBudget(i) > 0 ,且 TxUsed(i) < TxLimiter(i) \tag{5-38}$$

则接受，否则拒绝。

（2）对现存 $AC(i)$，若

$$TxUsed(i) > TxLimiter(i) \tag{5-39}$$

则阻止发送，且

$$TxRemainder = TxLimiter(i) - TxUsed(i) \tag{5-40}$$

否则，继续发送。

3. DAC 对现有流的保护

当 $TXOPBudget(i) = 0$ 时，新的 $AC(i)$ 不被接纳，现存流的 $TxMemory(i)$、$TxRemainder(i)$ 保持不变，则 $TxLimiter(i)$ 不变。当 $TXOPBudget(i) > 0$ 时，$TxMemory(i)$、$TxLimiter(i)$ 周期性改变，由于 $f < 1$，$TxMemory(i)$ 收敛于：$TxCounter(i) \times Surplusfactor(i) + TXOPBudget(i)$。

当 $TXOPBudget(i)$ 耗尽时，$TxMemory(i)$ 收敛于 $TxCounter(i) \times Surplusfactor(i)$，$TxLimiter(i)$ 收敛于 $TxCounter(i) \times Surplusfactor(i)$。加上剩余，保证实时业务获得不变的保证传输的带宽。

5.2.7　仿真

1. 物理信道

假定 OFDM 为 128 子载波/符号，循环前缀为 28 子载波，比特分配在剩余 100 个子载波上进行，假定 100 个子载波分为 3 个子带，每个子带内，子载波具有相同的信道增益，且随子载波序号由低到高增大分别为 -8 dB、-4 dB、-2 dB，误比特率要求为 10^{-3}，信道中加性高斯白噪声单边功率谱为 14×10^{-12} W/Hz，假定上行链路功率限制为 100 mW，在不采用比特分配时，子载波上全部采用 16QAM 调制，采用比特分配后，在三个子带分别采用 16QAM、32QAM、64QAM 调制，如图 5-1 所示，假定符号速率为 80 K 符号每秒，则总数据速率可达 40 Mbit/s，而此前为 32 Mbit/s，可以看出，当采用子载波分配时，频谱效率有较大提高。

2. 业务及传输环境

采用 4 个站点，一个 AP 的系统进行接纳控制仿真，假定每个站的业务到达完全相同，每个站点都有三类业务（语音、视频、数据），各类负载分别为 80 B、500 B、

1 024 B,每个类都有三个流,其 QoS 参数见表 5-1,数据业务平均速率为 1 024 bit/s,服从 on-off 指数分布,流的传输仅限上行方向,各类业务的初始传输接入参数如下:AIFS(voice) = 25 μs,CW_{min}(voice) = 15,AIFS(video) = 25 μs,CW_{min}(video) = 31,AIFS(data) = 34 μs,CW_{min}(data) = 63,SIFS = 16 μs,slot time = 9 μs,beacon interval = 2 s。流传输起始于语音,其后每隔 30 s 到达一个语音流,流到达顺序依次为 A、B、C,视频流起始于 10 s 后,其后每隔 30 s 到达一个视频流,流到达顺序依次为 A、B、C,数据流起始于 20 s 后,其后每隔 30 s 到达一个数据流,对于数据业务,当网络负载较轻、有空闲时,可全部接纳,当网络负载较重时,数据业务可被舍去,释放信道,释放方法为每次最少丢去一个数据业务,但保证数据业务占有带宽占全部带宽的 10% 左右。物理信道为上述的 OFDM 系统,假定误帧率为 0。

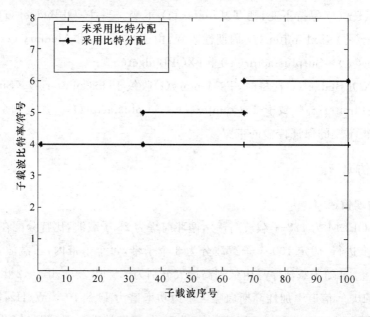

图 5-1　频谱效率比较

3. 预留带宽、碰撞率、剩余因子分析

对未采用比特分配的 OFDM 系统,采用静态预留带宽方法,根据业务速率分配给语音、视频的带宽分别为 2.399 Mbit/s 和 26.401 Mbit/s。对采用比特分配的 OFDM 系统,初始时刻,根据业务速率分配给语音、视频的带宽分别为 4 Mbit/s 和 32 Mbit/s。在网络负载较轻时,一直按此比例预留带宽。随着负载增加,记录利用率 uw(i),并采用线性预测方法估计,预测时滤波器长度选为 5,当负载达到一

定量时,用 uw(i)替代 pw(i),由图 5-6 可以看到,对语音流,预测 uw(i)＜pw(i),对视频流,预测 uw(i)＞pw(i)。假定各业务到来时刻恰为已存在业务传输完毕时刻,因此在网络进入饱和状态前,不存在碰撞重发,队列长度可看作为 0,当网络进入饱和状态后,观察并记录 lw(i),由于语音负载远小于视频流负载,所以,当出现饱和时,对语音 lw(i)＝0,对视频,lw(i)＞0,由式(5-16)计算有效因子 ew(i),由图 5-5 可见,网络进入饱和状态前,ew(i)保持不变,当网络进入饱和状态后,自适应网络变化,对语音流,有效因子小于静态分配因子,对视频流,有效因子大于静态分配因子,平衡了网络中语音流和视频流的业务量(如图 5-3、图 5-4、图 5-5 所示),由图 5-2 可见,系统通过率得到了提高。

对于剩余因子,在忽略信道误帧和缓冲器满丢包时,当网络负载较轻时,由于初始窗口参数能够区分业务,几乎没有碰撞出现,因此没有丢包现象,可令 SBA_i＝1,随着网络负载增加,碰撞率增加,丢包增多,SBA_i 逐渐增大,其最大值由式(5-26)计算,对语音流和视频流 A、B、C 分别为 1.72、1.47、1.67、1.47。窗口参数由式(5-32)～式(5-40)确定,得到视频流 C 的碰撞率如图 5-7 所示。可以看到,在无接纳控制时,碰撞概率随负载增加而增大,当负载大到一定程度后,碰撞概率将下降,这是一些站点或流无法接入导致的,当采用本文的接纳控制后,由于接入流受到控制,碰撞概率较小,当网络饱和后,碰撞概率稳定在某一值。

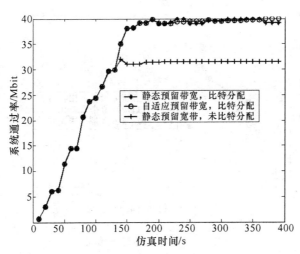

图 5-2　系统通过率比较

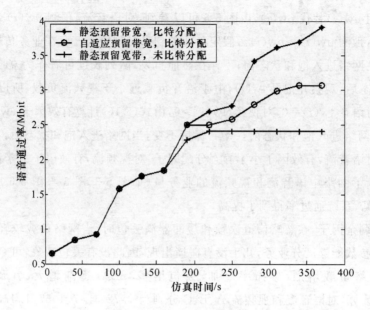

图 5-3　语音流通过率比较

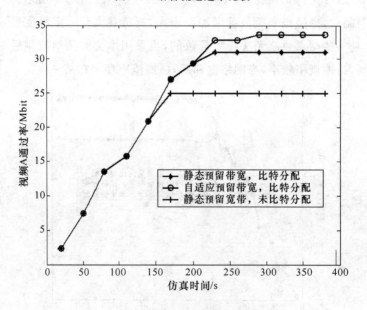

图 5-4　视频流通过率比较

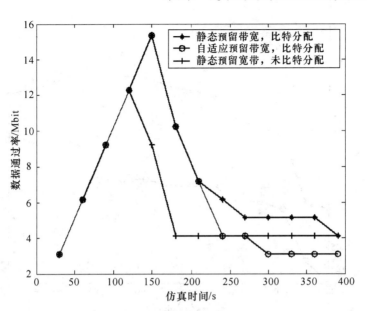

图 5-5 数据流通过率比较

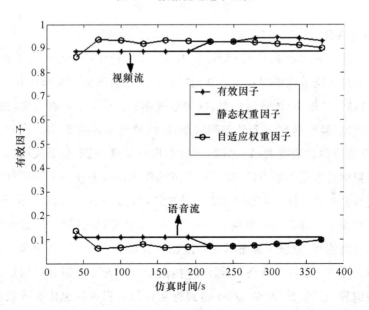

图 5-6 有效因子比较

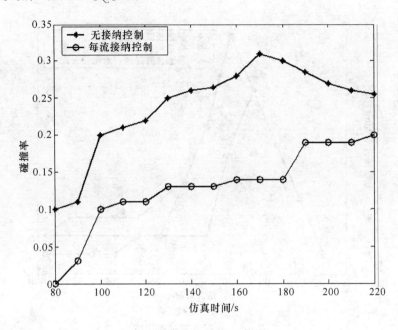

图 5-7　碰撞率比较

4. 通过率分析

　　本文比较了某站点采用自适应带宽预留和子载波比特分配(1)、子载波比特分配和未采用自适应带宽预留及比特分配(2)、未采用自适应带宽预留和子载波比特分配(3)的系统通过率、语音通过率、数据通过率。由图 5-2 可以看到,由于频谱效率提高,(2)比(3)推迟 50 s 到达饱和状态,系统通过率提高 8 Mbit 左右,在饱和状态,采用自适应预留带宽的(1)比(2)通过率也有提高,但不是很大,这是由于系统通过率受到信道带宽限制,自适应预留带宽的作用是根据业务流特征分配带宽,使业务间更具公平性。图 5-3 和图 5-4 可以看到,当网络趋于饱和时,语音流由于自适应预留带宽小于静态预留值而较早达到饱和,而视频流则相反,这就使语音、视频流基本同时饱和,克服了静态时视频流比语音流早 170 s 达到饱和的缺陷,保证了公平性。图 5-3 还说明网络负载较重时,由于数据业务可以释放信道,语音流比系统较晚饱和,且(2)比(3)晚 170 s 达到饱和;同理,视频流也比系统较晚饱和,且(2)比(3)晚 60 s 达到饱和。图 5-5 为 3 个系统数据通过率之比,可以看到三者都是先增大,到达峰值后逐渐减小,直至稳定,这是因为网络负载较轻时,数据业务可被及时接纳,当网络饱和后,数据业务释放信道,直至最低限,同时可以看到,(2)比(3)推迟 60s 到达饱和,对于(1),自适应带宽预留机制使得当网络负载加重时,数据业务更快地释放信道,并拿出一定带宽用以解决视频业务负载过大的问题。

5.3　HCCA 改进的接纳控制

5.3.1　研究背景

本章参考文献[8] 给出了 IEEE802.11eHCCA 的参考接纳控制机制,该机制存在以下缺点:(1)没有定义业务分类,故轮询过程中没有优先权规定;(2)策略对恒定比特流效果较好,但不适于可变比特速率业务;(3)策略中采用固定物理速率(最小物理速率),对采用了 AMC 技术的网络,将导致效率低下。

针对上述问题,以下文献做了改进。本章参考文献[9]给出了可变速率流的接纳控制,提出了有效 TXOP(满足丢包率的 TXOP)概念,分析了可变速率流有效TXOP,但没有考虑复用增益,本章参考文献[10]通过业务整形和统计复用,提出了基于时延的接纳控制方法。本章参考文献[13]通过在接纳控制中,以长期平均速率代替最小速率,在带宽分配中,以瞬时速率代替最小速率,提出了基于物理速率的接纳控制,但没有给出跟踪物理速率的方法。

本节针对现有机制及其改进对可变比特流业务的支持和跟踪物理信道方面的不足,利用本章参考文献[9]的结论,分析了单个可变比特流的丢包性能,得到了单个可变比特流业务的有效 TXOP 计算方法,利用队列理论研究了可变比特流的统计复用,得出了高斯统计复用的有效带宽计算方法,然后给出了功率受限的OFDM 子载波比特分配方法,提出了根据业务优先权的站内 OFDM 子载波分配,最后给出了基于比特分配和子载波分配的接纳控制。仿真结果表明,OFDM 子载波比特分配方法跟踪了信道变化,较大地提高了频谱效率,使系统接纳的业务量有较大提高,有效 TXOP 使可变比特流业务的丢包率指标得到保证,避免重发,从而提高了系统容量,复用有效 TXOP 充分利用了复用增益,使系统容量得到一定提高,站内子载波分配使综合业务流中的多业务同时传输,平衡了它们之间的业务量,提高了网络容量,同时也减小了综合流中各业务间的时差。

5.3.2　业务的有效 TXOP

1. 单个 VBR 流的丢包分析及满足丢包率要求的有效 TXOP

对 VBR 流,由于流的瞬时到达率和包长度为不同于平均值的统计变量,将导致较多的丢包现象,此时,如果接纳标准中不考虑丢包率,将导致重传,从而影响系统效率。对于可变比特流的接纳,有以下两种方法:①流量整形[10],得到保证时延的速率,但不能保证丢包率;②有效 TXOP[16],由于保证了带宽和丢包率,时延也能得到保证。本文采用方法②。可变比特流分为以下两种情况。

(1) 具有恒定包大小的 VBR 流[16]

$$P_{\text{drop}} = \frac{E(N_{\text{SI}} - N)}{E(N_{\text{SI}})} = \frac{\sum_{n=N+1}^{N_{\max}} (n-N)P(N_{\text{SI}} = n)}{(\rho/L)\text{SI}} \tag{5-41}$$

其中,N 为 SI 内成功传输的包数,$N = \left\lfloor \dfrac{\text{TXOP}}{L/R + O} \right\rfloor$,$\rho$、$L$、$R$、$O$ 分别为平均到达率、标称包长、物理速率和开销,若规定丢包率限制和包到达服从泊松分布,则可求出有效 TXOP——满足丢包率的有效带宽。

(2) 具有可变包大小的 VBR 流

具有可变包大小的 VBR 流的丢包原因是传输时间长于 TXOP

$$P_{\text{drop}} = \frac{E(T_{\text{SI}} - TXOP)}{E(T_{\text{SI}})} = \frac{\int_{\text{TXOP}}^{\infty} (t - TXOP)f_{T_{\text{SI}}}(t)\,\mathrm{d}t}{E(N_{\text{SI}})E(X/R + O)} \tag{5-42}$$

其中,$f_{T_{\text{SI}}}(t)$ 为 T_{SI} 的概率函数,X 为到达包的平均长度。当到达服从泊松分布时,X 则服从指数分布,$T_{\text{SI}} = \sum_i T_i = \sum_i \dfrac{X_i}{R} + O$,因此可用特征函数法和概率生成函数法求得:

$$F^{-1}((\phi_T(\omega))^n) = \frac{\lambda \text{Re}^{-\lambda R(t-nO)}[\lambda R(t-nO)]^{n-1}}{(n-1)!} \qquad (t \geqslant nO)$$

$$f_{T_{\text{SI}}}(t) = \sum_{n=1}^{N_{\max}} \frac{\alpha^n}{n!}\mathrm{e}^{-a}F^{-1}[(\varphi_T(t))^n] \qquad (t \geqslant O)$$

其中 $\alpha = \dfrac{\rho \times SI}{L}$,$\lambda = \dfrac{1}{L}$。将上述两式代入式(5-50),就可求出有效 TXOP。

2. VBR 统计复用特性及有效 TXOP

上述有效 TXOP 在统计变化的单个 VBR 流的接纳控制中,保证了业务的丢包率指标,但当多个 VBR 流复用时,采用各自的有效 TXOP 相加的方法,将使带宽估计过于保守,而降低网络效率。本节在流量整形模型的基础上,基于高斯模型,研究了 VBR 复用后的有效 TXOP。

（1）VBR 的流量整型模型

对于 VBR 业务,假定其峰值速率为 $\rho_{\max}$,平均速率为 ρ_i,最大 MSDU 为 M_i,采用如图(5-8)所示的双令牌桶整形,其输出速率为:

$$b(t) = \begin{cases} \rho_{\max} & 0 < t < \dfrac{M_i}{\rho_{\max}} \\ \rho_i & t \geqslant \dfrac{M_i}{\rho_{\max}} \end{cases} \tag{5-43}$$

当该过程为下列 ON/OFF 模型时,被证明在无缓冲区时是最坏情况业务模型:

$$b(t) = \begin{cases} \rho_{\max} & 0 < t < \dfrac{M_i}{\rho_{\max} - \rho_i} \\ 0 & t \geqslant \dfrac{M_i}{\rho_{\max} - \rho_i} \end{cases} \tag{5-44}$$

该过程处于 ON 的概率为:

$$P_{ON} = \frac{T_{ON}}{T_{ON} + T_{OFF}} = \frac{\rho_i}{\rho_{\max}} \tag{5-45}$$

该"ON/OFF"过程的平均速率为:

$$\rho_{\max} P_{ON} = \rho_i \tag{5-46}$$

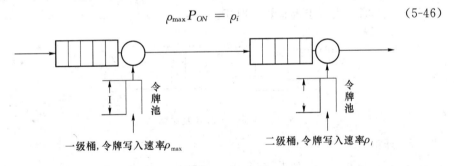

图 5-8　VBR 业务双令牌桶整形

（2）高斯近似复用

VBR 的复用如图(5-9)所示,已存在 n 个 VBR 连接,它们各自的业务源流量描述符分别为($\rho_{\max}, \rho_i, M_i \quad i = 1, 2, \cdots, n$),采用相应的最坏情况"ON/OFF"业务到达模型,假设各业务源到达速率的均值和方差分别为 ρ_i 和 σ_i^2,则有

$$\sigma_i^2 = \rho_i(\rho_{\max} - \rho_i) \tag{5-47}$$

当 VBR 连接的数目 n 较大时,我们可以把这 n 个业务源产生的业务流叠加所对应的过程 $R(t)$ 近似为一种平稳的高斯过程,且其均值为 ρ,方差为 σ^2,假设该 n 个

VBR 连接是相互独立的,则可得

$$\rho = \sum_{i=1}^{n} \rho_i, \tag{5-48}$$

$$\sigma^2 = \sum_{i=1}^{n} \rho_i (\rho_{\max} - \rho_i) \tag{5-49}$$

当一个新的连接到达时,假设该新连接的业务源流量描述符为 $\rho_{a,\max}$、$\rho_{a,i}$、$M_{i,i}$,此时 $n+1$ 个业务流叠加对应了一个新的高斯过程 $R_{new}(t)$,其均值为 ρ_{new},方差为 σ_{new}^2,则:

$$\rho_{new} = \rho + \rho_{a,i}, \quad \sigma_{new}^2 = \sigma^2 + \rho_{a,i}(\rho_{a,\max} - \rho_{a,i}) \tag{5-50}$$

假设 $R_{new}(t)$ 的分配带宽为 BW_{new},则丢包率为 ε:

$$P_{drop} = \int_{\mathrm{BW}_{new}}^{\infty} \frac{x - \mathrm{BW}_{new}}{\rho_{new} \sqrt{2\pi\sigma_{new}^2}} \exp\left(-\frac{(x - \rho_{new})^2}{2\sigma_{new}^2}\right) \mathrm{d}x \tag{5-51}$$

对式(5-51)求积分的超越方程为:

$$\frac{\sigma_{new}}{\sqrt{2\pi}\rho_{new}} \mathrm{e}^{-\frac{(\mathrm{BW}_{new} - \rho_{new})}{2\sigma^2}} + \frac{\rho_{new} - \mathrm{BW}_{new}}{4\rho_{new}} \leqslant \varepsilon \tag{5-52}$$

用牛顿法可求解式(5-52),得出 BW_{new},作为新的到达速率代入参考机制(1-18)～(1-20),则可求得有效 TXOP。

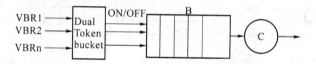

图 5-9　VBR 复用队列

3. 开销

图 5-10 为 802.11a 的上、下行链路的帧交换系列。上、下行帧传输的时间分别为:

$$\mathrm{TXOP}_{up} = \mathrm{PIFS} + t_{Qpoll} + \mathrm{SIFS} + t_{QData} + \mathrm{SIFS} + t_{ACK} + 3t_{PRO} \tag{5-53}$$

$$\mathrm{TXOP}_{down} = \mathrm{PIFS} + t_{QData} + \mathrm{SIFS} + t_{ACK} + 2t_{PRO} \tag{5-54}$$

其中,除 t_{QDate} 外的时间为开销,t_{PRO} 为信号传输延迟时间,PIFS\SIFS\t_{PRO} 由系统定义,由图 5-11 所示的 MAC 层和物理层帧格式可以求出其他值:

$$t_{QData} = t_{PRE} + t_{SIG} + t_{SYS} \left\lfloor \frac{28 \times 8 + (16 + 6) + 8L}{R_D} \right\rfloor \tag{5-55}$$

$$t_{QPoll} = t_{PRE} + t_{SIG} + t_{SYS} \left\lfloor \frac{28 \times 8 + (16 + 6)}{R_C} \right\rfloor \tag{5-56}$$

$$t_{ACK} = t_{PRE} + t_{SIG} + t_{SYS} \left\lfloor \frac{14 \times 8 + (16 + 6)}{R_C} \right\rfloor \tag{5-57}$$

其中，R_D、R_C 分别为传输数据单元和控制单元的物理层速率，t_{SYM} 为传送一个 OFDM 符号的时间，L 为帧长，其他一些公共数据见表 5-1。

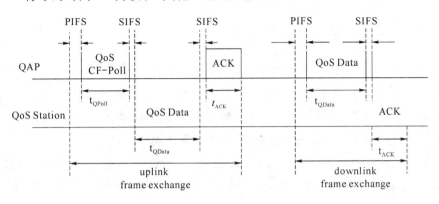

图 5-10　上、下行链路的帧交换系列

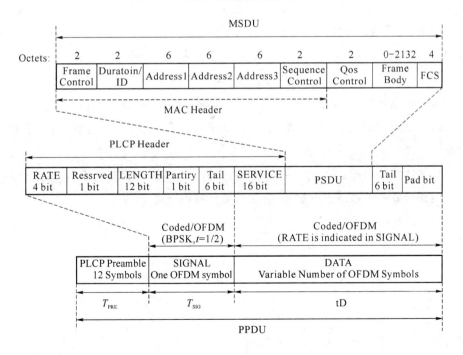

图 5-11　MAC 层和物理层帧格式

表 5-1　MAC 层和物理层帧格式中公共数据

参数	MAXMSDU	T_{PRO}	PIFS	SIFS	DIFS	SLOT	T_{SYM}	T_{PRE}	T_{SIG}
数值	2342octets	1 μs	25 μs	16 μs	34 μs	9 μs	4 μs	16 μs	4 μs

5.3.3　OFDM 子载波及比特分配

可采用与 5.2.2 节完全相同的比特分配方式。但上述方式不能满足多媒体业务的需求,由于多媒体业务可能同时传输多种业务流,如语音和视频,各业务分开传输必然大量增加缓存设备,增加开销。本节设想将属于一个站点的同一个 OFDM 的子载波划分给不同的业务,允许多种业务同时传输。

规定优先权为 $P_{CBR} > P_{rt-VBR} > P_{nrt-VBR} > P_{BE}$,假定 N 是 OFDM 的子载波数,r_{CBR}、r_{rt-VBR}、$r_{nrt-vbr}$、r_{BE} 代表各类业务分配得到的比特数/OFDM,令 R_C、R_V、R_{BE} 分别为 CBR、VBR 和 BE 的物理速率,规定:

$$R_C/R_V = TXOP_C/TXOP_V \tag{5-58}$$

假定 OFDM 符号速率为每移 S 个 OFDM 符号,则在一个 OFDM 符号内,可规定:

$$R_C = R_C/S, \; R_V = R_V/S \tag{5-59}$$

对于数据业务,为了保证可接入,但不影响其他业务,规定其所用带宽不得超过全部带宽的 10%,这样就可求出一个 OFEM 符号内 R_C、R_V 的值,用于子载波分配。

1. 初始化:令 $r_{CBR} = r_{VBR} = r_{BE} = 0$,令 R_C、R_V、R_{BE} 为最终速率,$c_{n,CBR}$、$c_{N,VBR}$、$c_{n,BE}$ 为相应业务子载波占有显示,各子载波比特率已确定。

2. (a) for　$n=1$ to N

$$n^* = \underset{n \in N}{\operatorname{argmax}} R_{k,n}$$

if $r_{CBR} \geqslant R_C$ goto　(b)

end

else if

$c_{n^*,CBR} = 1, N_{CBR} = N_{CBR} + 1, r_{CBR} = r_{CBR} + r_{n^*}, N = N \backslash n^*$

Goto　(a)

end

(b) for　$n=1:N$

$$n^* = \underset{n \in \mathbb{N}}{\operatorname{argmin}} R_{k,n}$$

　　　if $r_{BE} \geqslant 10\% R_k$　　goto（c）

　　　else if $c_{n^*,BE} = 1, N_{BE} = N_{BE} + 1, r_{BE} = r_{BE} + r_{n^*}, N = N \backslash n^*$

　　　goto（b）

　　end

（c）for　$n = 1 : N$

　　　　$r_{VBR} = r_{VBR} + r_n, N = N \backslash n, c_{vbr,n} = 1$

　　end

（d）$R_C = r_{cbr}(t), R_V = r_{VBR}(t), R_B = r_{BE}(t)$

5.3.4　改进的接纳控制

1. 业务类别及优先权

HCCA 中没有业务类别区分及相应的优先权机制，使得 QoS 保证很难实现，这里参考相邻上层——IP 层 IntServ、DiffServ 的业务类型以及 ATM、802.16 的业务类型，定义下列四类业务：CBR（恒定比特业务）、rtVBR（real-time VBR，实时可变比特业务）、nrtVBR（notreal-time VBR，非实时可变比特业务）和 BE（best effort，尽力而为业务），规定优先权依次降低，且规定 BE 业务的带宽可以根据网络条件改变，在负载较轻时，可以多占用带宽，较重时，可以放弃带宽，但最低不低于全部带宽的 10%。由于 nrtVBR 业务和 rtVBR 的区别仅在时延限，而时延限指标可转换为丢包率，二者在统计特性上完全相同，故本文只讨论了 CBR 和 rtVBR 的接纳控制。

2. 接纳控制步骤

（1）未采用子载波分配

① 各站点根据信道状态在子载波上进行比特分配，将各自的瞬时物理速率反馈给 QAP，并进行业务请求。

② 当新的请求到达，QAP 的 ACU（接纳控制单元）根据业务类别、丢包率及队长，计算到达率和有效 TXOP，其中，新到达流的物理速率为：

$$R_k^{avr}(m) = \sum_{n=1}^{m-1} \omega_n R_k^{avr}(m-n) \tag{5-60}$$

③ 对于已有 k 流存在，$k+1$ 流接纳控制的准则为：

$$\frac{TXOP_{k+1}}{SI} + \sum_{i=1}^{k} \frac{TXOP_i}{SI} \leqslant \frac{T - T_{cp}}{T} \tag{5-61}$$

3. 基于子载波分配

基于子载波分配的接纳控制中,各站点首先根据信道状态在子载波上进行比特分配,并根据业务类别进行子载波分配,将各站点及各类业务的瞬时物理速率反馈给 QAP,并进行业务请求,令 k 站点的各类业务速率为 $R_{k,C}\backslash R_{k,V}\backslash R_{k,BE}$。其后的接纳控制准则及过程与 1 完全相同,只是所有的 R_k 须根据业务类别用 $R_{k,C}\backslash R_{k,V}\backslash R_{k,BE}$ 中的任一个代替。

5.3.5 仿真

1. 子载波比特分配对系统容量及时延的影响

我们采用 4 个站点(a\b\c\d)、一个 AP 的系统进行接纳控制仿真,QAP 轮询顺序为 a\b\c\d。假定每个站点都可知信道状态且能进行子载波比特分配,每个站点都有三类业务(语音、视频、数据),各类包长分别为 80 B、500 B、1 000 B,每站在某一时刻,只发送某一个类中的 1 个流,语音为恒定比特流,视频为可变比特流,参数如表 5-2 所示的语音(B)、视频(A/B/C)及数据流。信标帧间隔 2 s,SI 为 100 ms,无竞争期与竞争期的比例为 1:1。流传输起始于语音,其后每隔 3 s 到达一个语音流,视频流起始于 1 s 后,其后每隔 3 s 到达一个视频流,为 A、B、C 中的任一种,这里先假定视频流为恒定比特流,为使其均匀分布,采用各站轮流循环产生视频 A、B、C 的方法,图案见图表 5-3,数据流起始于 2 s 后,其后每隔 3 s 到达一个数据流。

表 5-2　业务时延比较

	语音流	视频流	视频流	视频流	数据流
非 AMC	0.502 ms	1.524 ms	2.851 ms	3.647 ms	3.547 ms
AMC	0.441 ms	1.259 ms	2.320 ms	2.957 ms	2.877 ms

表 5-3　视频流产生图案

站点	1	2	3	…
a	A	B	C	…
b	C	A	B	…
c	B	C	A	…
d	A	B	C	…

OFDM 子载波上的比特分配同 5.2.2 节,得到未采用和采用比特分配技术的 32 Mbit/s 和 40 Mbit/s 两种传输速率。

图 5-12 表明,采用子载波比特分配比未采用子载波比特分配的系统接纳的全部业务流多 10 个,且晚 3 s 进入饱和状态,这是由于前者通过比特分配,提高了数据传输速率,网络容量增加所致。图 5-13 表明,前者接纳的 a 站全部语音流的数量比后者多 1 个,且晚进入饱和状态 3 s,图 5-14 表明前者接纳的全部数据流比后者多 1 个,且由于数据传输速率的提高,按总带宽的 10% 预留机制,出借完带宽后,前者比后者多 1 个数据流,且下降较慢。

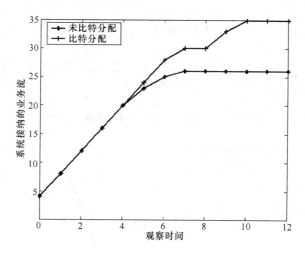

图 5-12 采用比特分配系统接纳的业务流比较

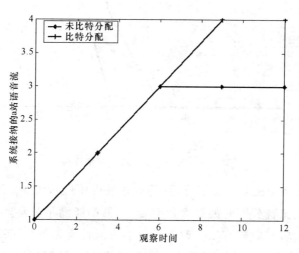

图 5-13 比特分配系统接纳的 a 站语音流

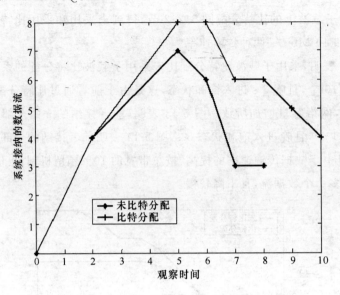

图 5-14　比特分配系统接纳的数据流比较

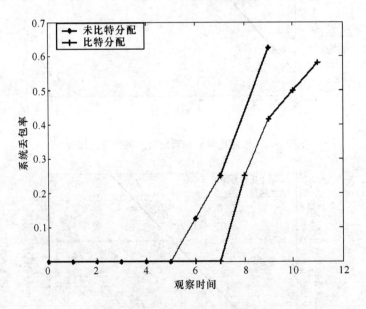

图 5-15　比特分配系统丢包率比较

　　假定每个业务流的到达恰好合适(即到达就可传送),表 5-2 比较了各类业务在采用或未采用比特分配时的最大包时延,可见都能满足时延要求,采用比特分配,物理速率提高,对时延有很大改善。由于将语音流和视频流都看作恒定比特流,且被接纳的流都能满足带宽和时延要求,在忽略信道误帧率的条件下,语音流和视频流不存在丢包率。

2. 采用有效 TXOP 对单个 VBR 流接纳控制的影响

假设各站一个可变比特视频流,其峰值为 1 024 kbit/s,均值为 768 kbit/s,最小速率为 384 kbit/s,时延限为 30 ms,丢包率≪1%,包长 500 B,则 SI 内到达的最大包数为 26,平均到达包数为 20,平均时间为 2.32 ms,由式(5-50)可计算出在 SI 内必须成功传输 24 个包才能满足丢包率要求,进而求出有效 TXOP 为2.75 ms,图 5-16 表明,将视频流看作恒定比特流时,系统接纳的业务流最多,以平均到达率的 TXOP 为接纳标准的次之,以有效 TXOP 为接纳标准的最少,这是因为有效 TXOP 考虑了统计变化特性和丢包率,比业务请求的带宽大导致的,图 5-17 接纳的视频流表明了同样的效果。事实上,视频流本身是时变的,作为恒定流接纳与实际不符,而以平均到达率作为接纳标准,会导致丢包率太大而重发,降低网络效率。仿真中,以平均到达为接纳标准的 a 站视频流丢包率为 10%,而以有效 TXOP 接纳的小于 1%,显然,前者不符合要求,须重发。

对于可变比特、可变包长的变比特流,假定平均包长 500 B,其峰值为 1 024 kbit/s,均值为 768 kbit/s,最小速率为 384 kbit/s,假定平均速率时的包长为平均包长,则不包括开销的平均包传输时间为 106 μs,保证丢包率的有效 TXOP 为 138 μs。图 5-18、图 5-19 比较了采用平均传输时间和有效传输时间的系统接纳,前者比后者的接纳量大,这是由于有效 TXOP 考虑了包长的统计变化,大于平均包传输时间,能够保证丢包率。事实上,仿真表明,前者的丢包率大约为 15%,后者小于 1%,显然,前者需要重传,降低了效率。

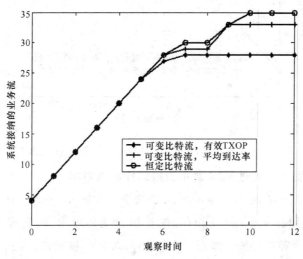

图 5-16 视频流为可变比特、恒定包长不同接纳标准时,系统接纳的业务流

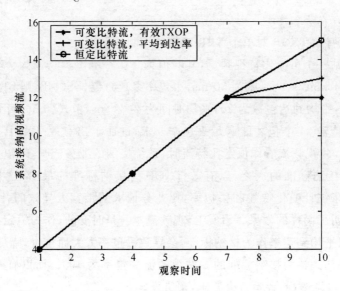

图 5-17 视频流可变比特、恒定包长不同接纳标准时，系统接纳的视频流

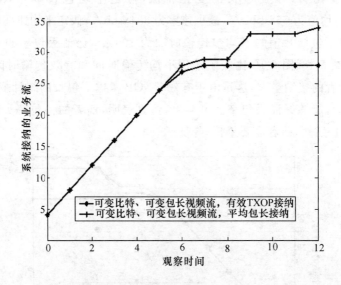

图 5-18 视频流为可变比特、可变包长不同接纳标准时，系统接纳的业务流

3. 采用有效 TXOP 对 VBR 复用流接纳控制的影响

假定各站复用了两个表 5-3 所示的视频流，最大、平均、最小速率分别为 384 kbit/s、768 kbit/s、1 024 kbit/s，包长恒定为 500 B，假定视频流丢包率为 0.03，假定每个视频流都经过整形，不复用时，对每个视频流，由式（5-41）得出，在 SI 内至少成功传输 25 个包，才能满足满足丢包率要求，有效 TXOP 为 2.85 ms，两

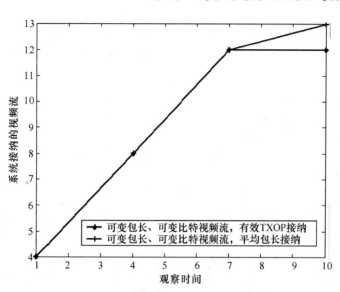

图 5-19　视频流为可变比特、可变包长时,不同接纳标准时,系统接纳的视频流

个流需 5.7 ms,采用高斯近似法可得满足丢包率的最小复用带宽为 1 936 kbit/s,
有效 TXOP 为5.40 ms,后者显然小于前者,系统接纳的业务流和视频流大于前
者,如图 5-20、图 5-21 所示。

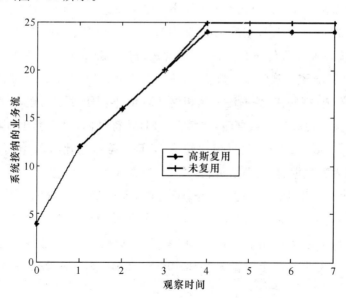

图 5-20　视频流复用后系统接纳的业务流

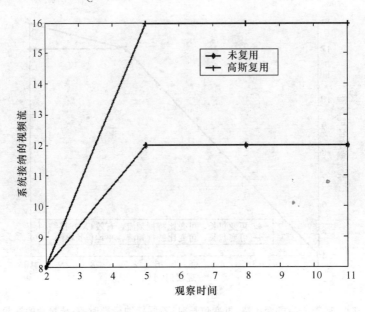

图 5-21　视频流复用后系统接纳的视频流

4. 站内业务子载波分配的接纳控制

为了模拟基于业务优先权的子载波分配的接纳控制,假定仿真系统中的每个站都有一个综合业务,其中包括一个 64 KB 语音流、一个 768 KB 视频流,每个站有一个独立的 1 024 KB 数据流,包长分别为 80 B、500 B、1 000 B,业务流每隔 1 s 产生 1 次,按两种方式传输数据:(1) 语音流/视频流/数据流采用不同 TXOP 发送,优先权为语音流＞视频流＞数据流,轮询次序为 a/b/c/d,每个流的持续时间为 50 s;(2)语音流/视频流/数据流采用相同 TXOP 不同子载波发送,子载波分配优先权为语音流＞视频流＞数据流,在每个 OFDM 符号内,语音流比特与视频流比特之比为 64/768＝1∶12,数据流比特为 OFDM 符号总比特的 10%,SI 的剩余 TXOP 用来发送数据流,当网络负载较重时,数据业务可被舍去。

假定 OFDM 为 128 子载波/符号,子载波比特率最低为 200 kbit/s,循环前缀为 28 子载波,数据速率为 20 Mbit/s,OFDM 符号周期为 5 μs,假设 29～58 子载波的信噪比可以支持无差错未编码 16QAM,59～98 子载波可支持无差错未编码 QPSK,99～128 可支持无差错未编码 BPSK。仿真的其他参数、帧结构及系统同前。

采用子载波分配后,各业务传输瞬时比特率降低,保证最大包时延是必须解决的问题,从仿真可知,语音流的最大包时延小于 0.8 ms,视频流的最大包时延小于

0.8 ms,满足业务要求。表 5-4 表明了在第一种方法中,不同的站的综合业务流中视频流与语音流的时间差,在子载波分配方法中,二者是同步的。

表 5-4　视频流与语音流的发送时间差

站点	a	b	c	d
时间差	3.124 ms	4.748 ms	6.372 ms	7.996 ms

图 5-22 比较了两种传送方法中,系统在不同时刻接纳的综合业务流的数量,可以看出,采用分离传输时,由于语音流的优先级高于视频流,语音流的接纳数为23,视频流为15,但由于是综合流,故只接纳了 15 个综合流,而采用子载波分配的同步传输时,则可接纳 21 个综合流。图 5-23 比较了两种传送方法接纳的数据流,可以看出,采用子载波分配的同步传输时,接纳的数据流多,这是由于采用子载波分配后,子载波利用率提高,不会出现一个 OFDM 符号只有少量子载波被利用的情况,该方法在传输综合业务流时效率较高。

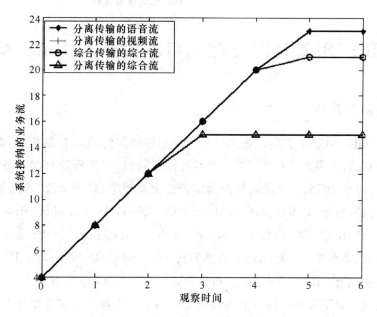

图 5-22　系统接纳的综合业务流的数量比较

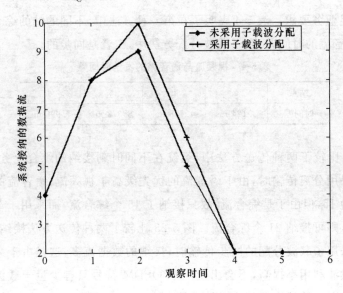

图 5-23　系统接纳的数据流的数量比较

5.4　IEEE802.16d/e无线网络的动态接纳控制机制

5.4.1　研究背景

802.16d/e中定义了 QoS 框架和接纳控制模块作为 QoS 控制机制,但没有定义相应的算法,有很多文献[29,30,31,32,33]对此做了研究,对于资源分配,一般方法为分类配置,对于 UGS,采用周期性的固定带宽主动授予;对于 rtPS,调度机制主要考虑业务的时延限,如本章参考文献[34]中的 EDF(earliest deadline first)和本章参考文献[35]中的 LWDF(largest weighted delay first);对于 nrtPS 业务,主要考虑公平性,如本章参考文献[34]中的 WFQ(weighted fairQueue);对于 BE 业务,常用的调度机制有 RR(RoundRobin)和 FIFO(first in first out)。这些基本算法的缺陷主要表现在以下方面:(1)公平性和优先权的兼顾不够;(2)仅考虑业务 QoS,不考虑系统效率或效率较低。

在优先权和公平性的兼顾上,以下文献做出了改进。本章参考文献[29]提出了 nrtPS 业务最小带宽保证和系统通过率折中的调度方法,通过公平性和通过率折中的方法,解决了某些站或业务长期"饥饿"、nrtPS 业务时延过长的问题。本章参考文献[30]、[31]、[36]分别提出了业务类别间和类内优先权调度方法、带宽借用机制等,较好地解决了优先权和公平性折中问题,保证了业务质量,对资源利用率有一定程度改善,但由于没有将资源分配与变化的物理信道及其上的 AMC 结合,效率仍然不高。为了将资源分配和 AMC 结合。本章参考文献[37]建议了基于空时编码的 MIMO-OFDM 系统的跨层设计,通过不同用户和不同业务类别间的两层调度以及根据调度结果有效分配物理资源的方法,较好地折中了业务质量和网络效率,但缺点是根据调度结果分配物理资源,虽然提高了业务质量,但频谱效率没有达到最高,利用了空间分集增益,但没有利用基于 OFDMA 子载波分配的多用户分集。本章参考文献[38]根据 802.16 系统 OFDMA 的特点,提出了结合业务 QoS 要求、业务类别和信道质量的优先权算法和基于优先权的 MAC-PHY 跨层调度机制,其最大的缺点是子载波上采用了固定调制模式,不能跟踪信道,频谱效率不高,另外,由于仅根据优先权调度,业务公平性没有保证。类似的工作在本章参考文献[31]也有所见。事实上,基于 OFDMA 的多用户分集(允许各用户选择最好的子信道,并在子载波上进行优化的比特和功率分配)给系统带来较大的分集增益,如果能将物理层的自适应资源分配与包调度及接纳控制策略结合[39,40,41,42,43],通过动态信道与业务需求的结合,将较好地解决业务需求与无线资源稀缺性和动态性的矛盾。

802.16d/e 的接纳控制采用的接纳准则有拥塞率、带宽、时隙、效用(或用户满意度)、丢包率、时延等[33,35,40,43,44]。由于带宽较易测量,因此,基于带宽的接纳控制是使用上最方便的方法,且在充足带宽下,其他 QoS 参数也能得到保证。基于带宽的接纳控制若采用资源预留机制,能够避免低优先权业务的饥饿现象,使各业务平衡,更好地保证 QoS,在该机制中目前还存在以下问题。(1)优化的带宽分配:在保证 QoS 需求的条件下,寻求使得效用函数最大的各业务的门限带宽;(2)有效带宽:寻求能够保证丢包率和时延要求的业务带宽要求——有效带宽。

基于以上这些研究背景,本节首先研究了 OFDMA 中自适应资源分配方法,通过自适应分配子载波和比特,在保证用户业务比例的同时,使频谱效率到达最高,然后给出了优化的带宽分割方法,通过合理分割总带宽,在保证业务 QoS 的条件下,使用户满意度达到最大,提出了跨层的包调度机制,通过不同业务类间和类内两级调度以及调度结果与信道状态结合,达到业务质量的保证与信道有效利用的统一,在此基础上,提出了 802.16d/e 的动态接纳控制机制,达到了动态控制目的。

5.4.2　基于 OFDMA 的自适应资源分配

OFDMA 允许多个用户在 1 个 OFDM 符号的不同子载波上同时传输,由于所有用户在同一个子载波上同时深衰落的概率很小,这就使得用户能够各自选择质量好的信道,并有可能采用高阶调制方式传输数据,从而使系统效率提高。基于 OFDMA 的多用户分集可以用以下优化模型表示:

$$\max_{c_{k,n}, p_{k,n}} \frac{B}{N} \sum_{k=1}^{K} \sum_{n=1}^{N} c_{k,n} \log_2(1 + p_{k,n} H_{k,n}) \tag{5-62}$$

受限于:
$$\begin{cases} C1: c_{k,n} \in \{0,1\} \, \forall \, k,n \\ C2: p_{k,n} \geqslant 0 \, \forall \, k,n \\ C3: \sum_{k=1}^{K} c_{k,n} = 1 \, \forall \, n \\ C4: \sum_{k=1}^{K} \sum_{n=1}^{N} c_{k,n} p_{k,n} \leqslant P_{\text{tot}} \\ C5: R_i : R_j = \phi_i : \phi_j \, \forall \, i,j \in \{1, \cdots, K\}, i \neq j \end{cases} \tag{5-63}$$

其中,假定 OFDM 符号通过频率选择性 Rayleigh 慢衰落信道传输,传输带宽为 B,假定每个用户经历的衰落独立,且

- K 为用户集,$K = \{1, 2, 3, \cdots, K\}$;

- $\overline{N}$ 为子载波集,$\overline{N} = \{1, 2, \cdots, N\}$;

- $c_{k,n}$ 为用户 k 使用子载波 n 的指示,当且仅当子载波 n 分配给用户 k 时,$c_{k,n} = 1$;

- $p_{k,n}$ 是分配给用户 k 的子载波 n 的功率;

- $g_{k,n}$ 是用户 k 在子载波 n 上的增益,相应的子载波信噪比表示为 $h_{k,n} = g_{k,n}^2/\sigma^2$,用户 k 在子载波 n 上的接收信噪比为 $\gamma_{k,n} = h_{k,n} p_{k,n}$;

- M 为 MQAM 的调制模式;

- R_k 为用户 k 的速率:

$$R_k = \frac{B}{N} \sum_{n=1}^{N} c_{k,n} r_{k,n} \tag{5-64}$$

对于采用 Gray 映射的 MQAM,当误比特率 BER $\leqslant 10^{-3}$ 时

$$\text{BER}_{\text{MQAM}}(\gamma_{k,n}) \approx 0.2 \exp\left[\frac{-1.6\gamma_{k,n}}{2^{r_{k,n}} - 1}\right] \tag{5-65}$$

因此

$$r_{k,n} = \log_2(1 + \frac{\gamma_{k,n}}{\Gamma}) = \log_2(1 + p_{k,n}H_{k,n}) \qquad (5\text{-}66)$$

其中，$\Gamma = -\ln(5\mathrm{BER})/1.6$，$H_{k,n} = h_{k,n}/\Gamma$；

- ϕ_i 为归一化比例常数，$\sum\limits_{i=1}^{K}\phi_i = 1$。

模型的优化目标是在功率受限和各用户速率及误比特率受限条件下，使系统通过率最大。模型的求解是 NP-hard 的非线性联合优化求解，计算复杂，不利于在线控制，为了简便，可将该模型解耦为以下两步[40]：

第一步：用户子载波分配，每次让具有最小比例容量的用户选择增益最大的信道保证最大通过率和公平性，具体步骤如下：

(a) 令 $c_{k,n} = 0$，$N_k = 0$，$R_k = 0$，$\forall\, k \in \{1,\cdots,K\}\,\text{and}\,\forall\, n \in \{1,\cdots,N\}$

$\qquad p = P_{\mathrm{tot}}/N$，$\overline{N} = \{1,2,\cdots,N\}$

(b) for $k=1$ to K

$\qquad n^* = \underset{n \in \mathbb{N}}{\arg\max}\,|H_{k,n}|$

$\qquad N_k = N_k + 1;\overline{N} = \overline{N}\backslash n^*$，$c_{k,n^*} = 1$，$R_k = R_k + \dfrac{B}{N}\log_2(1 + pH_{k,n})$

(c) while $(N - \sum\limits_{k=1}^{K}N_k) > 0$

$\qquad K = \{1,2,\cdots,K\}$，$k^* = \underset{k \in K}{\arg\min}(R_k/\Phi_k)$

$\qquad n^* = \underset{n \in \mathbb{N}}{\arg\max}\,|H_{k^*,n}|$

$\qquad c_{k^*,n^*} = 1$，$N_{k^*} = N_{k^*} + 1$，$\overline{N} = \overline{N}\backslash n^*$

$\qquad R_{k^*} = R_{k^*} + \dfrac{B}{N}\log_2(1 + pH_{k^*,n^*})$

第二步：子载波功率及比特分配，在确定了子载波分配后，受限的功率分配成为以下优化模型：

$$\max_{c_{k,n},\,p_{k,n}} \frac{B}{N}\sum_{k=1}^{K}\sum_{n \in \Omega_k}\log_2(1 + p_{k,n}H_{k,n}) \qquad (5\text{-}67)$$

受限于：
$$
\begin{cases}
\mathrm{C1}: p_{k,n} \geqslant 0\ \forall\, k,n \\[2mm]
\mathrm{C2}: \sum\limits_{k=1}^{K}\sum\limits_{n \in \Omega_k}p_{k,n} \leqslant P_{\mathrm{tot}} \\[2mm]
\mathrm{C3}: R_i : R_j = \phi_i : \phi_j\ \forall\, i,j \in \{1,\cdots,K\},\,i \neq j \\[2mm]
\mathrm{C4}: R_k = \dfrac{B}{N}\sum\limits_{n \in \Omega_k}r_{k,n}
\end{cases}
\qquad (5\text{-}68)
$$

其中，Ω_k 为分配给用户 k 的一套子载波。该优化模型可由 Lagrangian 法则求得。在总功率一定及高信噪比条件下，可得[40,42]：

$$\left(\frac{H_{1,1}W_1}{N_1}\right)^{\frac{N_1}{\phi_1}} P_1^{\frac{N_k}{\phi_1}} = (\frac{H_{k,1}W_k}{N_k})^{\frac{N_k}{\phi_k}} P_k^{\frac{N_k}{\phi_k}}$$

$$\sum_{k=1}^{K} c_k P_1^{d_k} - P_{\text{tot}} = 0$$

其中

$$V_k = \sum_{k=2}^{N_k} \frac{H_{k,n}-H_{k,1}}{H_{k,n}H_{k,1}}, \; W_k = (\prod_{k=2}^{K} \frac{H_{k,n}}{H_{k,1}})^{\frac{1}{N_k}}$$

$$c_k = \begin{cases} 1 & k=1 \\ \dfrac{N_k}{H_{k,1}W_k}(\dfrac{H_{1,1}W_1}{N_1})^{\frac{N_1\phi_k}{N_k\phi_1}} & k=2,3\cdots \end{cases} \quad d_k = \begin{cases} 1 & k=1 \\ \dfrac{N_1\phi_k}{N_k\phi_1} & k=2,3\cdots \end{cases} \quad (5\text{-}69)$$

且仅当 $P_k > V_k$，式(5-69)才有解，若该条件不满足，则更新子载波分配。

子载波上的功率为：

$$P_{k,1} = \frac{P_K - V_k}{N_k} \qquad P_{k,n} = P_{k,1} + \frac{H_{k,n}-H_{k,1}}{H_{k,n}H_{k,1}} \qquad (5\text{-}70)$$

子载波上的速率为：

$$r_{k,n} = \left\lfloor \frac{B}{N}\log_2(1+p_{k,n}H_{k,n}) \right\rfloor \qquad (5\text{-}71)$$

5.4.3 优化的带宽分割

在 802.16d/e 的请求/授予式分配带宽方法，绝对的优先权机制容易造成有些业务过饱和而有些业务又处于饥饿的状态，为此，采用资源预留的方法，为每类业务预留一定带宽，当所需带宽超过预留值时，就拒绝该业务，能够使业务平衡，较好地解决此问题。在资源预留机制中，如何在业务间分配预留带宽对质量和网络效率有很大影响，因此，优化的带宽分割成为目前研究的热门[33,43]，本节给出一个优化模型，在保证 QoS 的同时，使用户满意度最高。

1. 优化问题的形成

定义 UGS 和 BE 的用户满意度函数分别为：

$$U_{\text{UGS}}(r_i) = \begin{cases} 1 & r_i \geqslant r_i^{\text{req}} \\ 0 & \text{其他} \end{cases} \qquad (5\text{-}72)$$

$$U_{\text{BE}}(r_i) = \begin{cases} 1 & r_i \geqslant 1 \\ 0 & \text{其他} \end{cases} \qquad (5\text{-}73)$$

定义 rtPS 和 nrtPS 的用户满意度分别为：

$$U_{\text{rtPS}}(D_i) = 1 - \frac{1}{1 + \exp(-(D_i - D_i^{\text{req}})/D_i^{\text{req}})} \tag{5-74}$$

$$U_{\text{nrtPS}}(r_i) = \frac{1}{1 + \exp(-(r_i - r^{\text{req}})/r^{\text{req}})} \tag{5-75}$$

其中，r_i，r_i^{req}，D_i 分别为该业务分配到的带宽、QoS 带宽请求、在分配带宽下的时延及 QoS 要求时延，当 rtPS 和 nrtPS 的时延及带宽满足要求时，其满意度函数分别 $\gg 1/2$，二者之和 $\gg 1$。假定带宽完全分割，构造优化模型如下：

$$\max_{r_i}(U = \sum_{i \in \Omega_{\text{UGS}}} U_{\text{UGS}}(r_i) + \sum_{i \in \Omega_{\text{BE}}} U_{\text{BE}}(r_i) + \sum_{i \in \Omega_{\text{rtPS}}} U_{\text{rtPS}}(D_i) + \sum_{i \in \Omega_{\text{nrtPS}}} U_{\text{nrtPS}}(r_i))$$

$$\tag{5-76}$$

受限于：
$$\begin{cases} \text{C1}: r_i = r_i^{\text{req}} \quad i \in \Omega_{\text{UGS}}, r_i \leqslant 10\%R \quad i \in \Omega_{\text{BE}} \\ \text{C2}: D_i \leqslant D_{i,\text{rtPS}}^{\text{req}} \quad i \in \Omega_{\text{rtPS}}, r_i \geqslant r_{i,\text{nrtPS}}^{\text{req}} \quad i \in \Omega_{\text{nrtPS}} \\ \text{C3}: \sum_i r_i \leqslant R \quad \forall i \\ \text{C4}: \sum_i r_i \leqslant \text{BW}_{\text{UGS}} \quad i \in \Omega_{\text{UGS}}, \sum_i r_i \leqslant 10\%R \quad i \in \Omega_{\text{BE}} \end{cases}$$

$$\tag{5-77}$$

其中，Ω_{UGS}、Ω_{rtPS}、Ω_{nrtPS}、Ω_{BE} 分别表示属于 UGS、rtPS、nrtPS、BE 的连接，R 为总带宽。条件 C1 表示 UGS 业务按请求分配带宽，BE 业务分配带宽不超过总带宽的 10%，条件 C2 表示 rtPS 须保证时延要求，而 nrtPS 须保证带宽要求，C3 表示总带宽限制，C4 表示 UGS、BE 业务的带宽门限，同时，也说明 UGS、BE 业务的带宽分配与 rtPS、nrtPS 独立。因此，该优化问题成为在除去了 UGS、BE 业务带宽、剩余总带宽一定的条件下，寻找合理的 rtPS、nrtPS 的带宽门限，使用户满意度最高，且满足 QoS 要求。

2. 优化问题求解

为了简化分析，假定每个站中，所有 rtPS 及所有 nrtPS 具有相同的 QoS 请求、在相同的带宽分配下具有相同的时延及带宽特征，假定系统中 rtPS 与 nrtPS 连接数相同，则式(5-76)、式(5-77)的优化问题可简化为：

$$\max_{r_{i,\text{rtPS}}}(M(U_{\text{rtPS}}(D_{i,\text{rtPS}}) + U_{\text{nrtPS}}(r_{i,\text{nrtPS}}))) \tag{5-78}$$

受限于
$$\begin{cases} \text{C1}: D_i \leqslant D_{i,\text{rtPS}}^{\text{req}} \quad i \in \Omega_{\text{rtPS}}, r_i \geqslant r_{i,\text{nrtPS}}^{\text{req}} \quad i \in \Omega_{\text{nrtPS}} \\ \text{C2}: \sum_{i \in \Omega_{\text{rtPS或nrtPS}}} r_i \leqslant R - \sum_{i \in \Omega_{\text{UGS}}} r_i - \sum_{i \in \Omega_{\text{BE}}} r_i \end{cases} \tag{5-79}$$

其中，M 为 rtPS 最大连接数，对上述优化问题的求解可采用 Lagrangian 法则：

$$L = M(U_{rtPS}(r_{i,rtPS}) + U_{nrtPS}(r_{i,nrtPS})) + \lambda_1(D_{i,rtPS} - D_{i,rtPS}^{req}) \tag{5-80}$$
$$+ \lambda_2(\bar{r}_{i,nrtPS} - r_{i,nrtPS}^{req}) + \lambda_3\left(\sum_i (r_{i,rtPS} + r_{i,nrtPS}) - R_0\right)$$

其中，R_0 为减掉 UGS、BE 业务后的带宽。

其中，时延分为排队时延和传输时延，为了简化，忽略传输时延，假定无限长队列，到达为强度为 λ 泊松分布，服务时间为强度为 μ 的指数分布，且 $\lambda < \mu$，则平均排队时延为：

$$D_i = \frac{1}{\mu_i - \lambda_i}$$

其中，$\mu_i = \dfrac{r_{i,rtPS}}{l_{i,rtPS}}$，$l_{i,rtPS}$ 为 rtPS 的包长。将式（5-74）、式（5-75）做泰勒展开得：

$$U_{rtPS}(D_i) = 1 - \frac{1}{2 - (D_{i,rtPS} - D_{irtPS}^{req})/D_{i,rtPS}^{req}} \tag{5-81}$$

$$U_{nrtPS}(r_i) = \frac{1}{2 - (\bar{r}_{i,nrtPS} - r_{i,ntPS}^{req})/r_i^{req}} \tag{5-82}$$

由 $\dfrac{\partial L}{\partial r_{i,rtPS}} = 0$ 可得：

$$r_{i,rtPS} = \frac{r_{i,nrtps}^{req} + r_{i,nrtPS}^{req} D_{i,rtPS}^{req}\lambda_{i,rtPS} + \sqrt{\dfrac{r_{i,nrtPS}^{req} D_{i,rtPS}^{req}}{l_{i,rtPS}}} \times (2r_{i,nrtPS}^{req} D_{i,rtPS}^{req} - \dfrac{R_0}{M}D_{i,rtPS}^{req} + r_{i,nrtPS}^{req} D_{i,rtPS}^{req})}{\dfrac{r_{i,nrtPS}^{req} D_{i,rtPS}^{req}}{l_{i,rtPS}} - \sqrt{\dfrac{r_{i,nrtPS}^{req} D_{i,rtPS}^{req}}{l_{i,rtPS}}}} \tag{5-83}$$

其中，M 的最大值为：

$$M = \left\lfloor \frac{R_0}{r_{i,nrtPS}^{req} + \dfrac{l_{i,rtPS}(1 + D_{i,rtPS}^{req}\lambda_{i,rtPS})}{D_{i,rtPS}^{req}}} \right\rfloor \tag{5-84}$$

rtPS 的带宽优化门限为：

$$M \times r_{i,rtPS} \tag{5-85}$$

5.4.4　跨层包调度

本节提出的跨层包调度机制根据调度结果将无线资源分配给业务，克服了以往调度机制或仅考虑 QoS 或仅考虑通过率的缺陷，使业务质量的保证和信道的有效利用达到统一。本节的讨论仅限于基于 OFDMA 的 802.16d/e 网络的上行链路。

1. 带宽预留

资源预留机制通过为每类业务预留一定带宽,保证一定业务量,克服了业务"饥饿"现象。在该机制中,如何为每类业务预留带宽是保证业务质量的关键。根据 4 类业务的特点,本文采用以下方法确定预留带宽。

(1) 对于 UGS 业务:根据用户需求和以往经验确定,以 BW_{UGS} 表示。

(2) 对于 BE 业务:当系统有剩余带宽时,可尽量接纳,当网络拥塞时,可释放带宽,但最小带宽不得低于总带宽的 10%,即 $BW_{BE} \geqslant 10\% R_s$,$R_s$ 为总带宽。

(3) 对于 rtPS 和 nrtPS 业务:采用 5.4.3 节的优化分割方法求得相应门限,记为 BW_{rtPS},BW_{nrtPS}。

2. 资源分配单位

图 5-24 所示为 802.16d/e 的一种时频结构,SLOT 是最小的数据分配单元,由多个"bin"和 OFDM 符号组成,可以分别包含 6、3、2、1 个"bin"和 1、2、3、6 个 OFDM 符号,每个"bin"包含多个连续子载波,其中,第一个子载波用于前导,其余用于数据传输,本文采用 1×6 的模式,作为资源分配的最小单位。

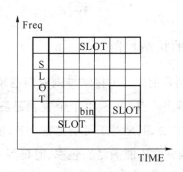

图 5-24　OFDMA 时隙结构

3. 包调度

采用两级调度:第一级为类间调度,规定优先权的顺序为 UGS> rtps>nrtps>BE,第二级为类内调度,对同类业务的不同包,采用一定的调度策略,规定其发送顺序。

A. 类间调度:用以确定各业务分配到的资源,根据类优先权设置和信道质量,从高到低,依次选择子载波,直至满足各自门限。

B. 类内调度:用以确定包的优先权。

（1）UGS 业务：FIFO 调度规则。

（2）对于 rtPS，首先确定各业务的有效带宽 $BW_{eq,i}$（有效带宽的计算见 5.4.5 节），当剩余带宽 $\gg \sum\limits_{i} BW_{eq,i}$ 时按 FIFO 规则调度，否则，由式（5-81）计算用户满意度作为优先权，并根据优先权和信道质量，从高到低，依次选择子载波，直至门限值。其中，时延 D_i 的计算方法为：对业务 i，假定到达服从泊松分布，服务时间服从指数分布，当出现拥塞时，可以看作只有一个服务员，假设队长为 L，并假定前次业务队列中没有剩余包，则可用平均时延代替瞬时时延，该生灭过程的稳态分布为：

$$P_1 = \frac{\lambda}{\mu} P_0, P_2 = (\frac{\lambda}{\mu})^2 \cdots P_N = (\frac{\lambda}{\mu})^N, 且 \sum_{n=0}^{N} P_n = 1 \tag{5-86}$$

$$D_i = \sum_{n=0}^{N} \frac{n+1}{\mu} P_n = \frac{1}{\mu} \sum_{n=0}^{N} n P_n + \frac{1}{\mu} \tag{5-87}$$

（3）对于 nrtPS，采用与 rtPS 相同的调度方式，其中，由式（5-82）计算用户满意度，作为优先权，其中的 r_i^{req} 用有效带宽计算（见 5.4.5 节）。

（4）对于 BE 业务：采用比例优先规则

$$Pr_i = \frac{r_i^{req}}{BW_{BE}} \tag{5-88}$$

5.4.5 基于有效带宽的接纳控制

802.16d/e 的接纳控制目前采用的接纳准则有拥塞率、带宽、时隙、效用（或用户满意度）、丢包率、时延等[33,35,39,43,44]。由于带宽较易测量，因此，基于带宽的接纳控制是使用上最方便的方法，但是对于可变比特业务，由于业务源的统计时变特性，采用带宽作为接纳标准常常不能满足丢包率、时延等 QoS 要求。因此，有效带宽理论被提了出来。有效带宽（Effective Bandwidth）理论[45,46]是在 Roch Guerin 等 1991 年提出的等效容量概念的基础上发展起来的网络领域的理论工具，定义为满足业务丢包率、时延等 QoS 参数的带宽，有效地综合了带宽、时延、丢包率等业务特征。由于到达过程的有效带宽综合刻画了带宽、丢包率、时延及其抖动等 QoS 参数及其联系，因此，以有效带宽为接纳准则，能同时保证多个 QoS 参数，简化了接纳控制。另外，有效带宽理论是基于队列理论发展而来的，802.16d/e 规定了每类业务具有缓冲区，因此，可以方便地基于有效带宽进行接纳控制。

1. 业务的有效带宽定义及计算

本章参考文献[45]～[47]分别从不同角度给出了定义有效带宽的三种基本方

法。①本章参考文献[45]将信源的统计特性与统计力学的粒子运动类比,利用大偏移理论,得出业务到达的速率分布,将统计力学理论于信息理论结合,得出有效带宽定义,该方法适合于一般的各态历经的平稳源。②本章参考文献[46]直接利用大偏移理论,根据某些域上的统计序列的测量值的部分和由某种速率限定上界,得出满足丢包率和时延的有效带宽定义,与本章参考文献[45]中完全相同,由于数学推导较繁,这里略去。③本章参考文献[47]利用队列理论和特征值法,得出连续时间 MARKOVEN 源的有效带宽计算方法。

2. 熵函数法定义有效带宽

假定一类业务的到达速率和队列分别为 $\alpha(t)$、$q(t)$,信道容量为 c,队长无限。则队列长度满足:

$$q(t) = \begin{cases} \alpha(t) - c, & q(t) > 0 \\ (\alpha(t) - c)^+, & q(t) = 0 \end{cases} \tag{5-89}$$

将业务的到达过程类比为统计力学的粒子运动,$A(0,t)$ 是初始状态为 0 的累计到达数据量,对到达过程 $A(0,t)$,定义其能量函数:

$$\lim_{t \to \infty} \frac{1}{t} \log E e^{\theta A(0,t)} = \Lambda(\theta) \tag{5-90}$$

相应的熵函数为:

$$\Lambda^*(\alpha) = \sup_{\theta} [\theta\alpha - \Lambda(\theta)] \tag{5-91}$$

也可计算为:

$$\lim_{t \to \infty} \frac{\log P(A(0,t) \approx \alpha t)}{t} = \Lambda^*(\alpha) \tag{5-92}$$

则由统计力学和大偏移理论可得时刻 t 粒子速率为 α 概率密度函数为:

$$f(\alpha,t) = e^{-t\Lambda^*(\alpha)} \tag{5-93}$$

其中,$\Lambda^*(\alpha)$ 是过程 $A(0,t)$ 的熵函数。具有容量 c,受限于能量 $\Lambda(\theta)$ 的数据源的队列尾分布为

$$P(q(t) \geqslant x) = \int_{(\alpha-c)^+ t \geqslant x} f(\alpha,t) \mathrm{d}\alpha = \int_{(\alpha-c)^+ t \geqslant x} e^{-t\Lambda^*(\alpha)} \mathrm{d}\alpha$$

由此式出发,经过一系列变换[145],可得:

$$P(q(\infty) \geqslant x) \approx e^{-\theta^* x} \tag{5-94}$$

其中,θ^* 为式(5-95)的唯一解

$$\frac{\Lambda(\theta)}{\theta} = c \tag{5-95}$$

定义数据源的有效带宽函数：

$$\alpha^*(\theta) = \frac{\Lambda(\theta)}{\theta} \tag{5-96}$$

可见，业务的有效带宽与到达模式有关，当 $\theta \rightarrow 0$ 时，有效带宽趋近于平均速率；当 $\theta \rightarrow \infty$ 时，则接近峰值速率。

有效带宽与其他 QoS 参数的关系。①有效带宽与丢包率：若已知到达过程 $A(0,t)$，队列长度 x，信道容量为 c，则可由式(5-94)确定丢包率；反过来，若到达已知到达过程 $A(0,t)$ 及所要求的丢包率为 p，则由式(5-94)可计算 θ^*，由式(5-90)计算 $\Lambda(\theta)$，最终由式(5-96)计算满足一定丢包率的有效带宽。②有效带宽与时延：$P(D(t) > D_{\max}) = \exp(-\theta^* c D_{\max})$。

3. 线性计算方法

若到达过程的解析表达不可知，则无法由式(5-96)计算有效带宽，Elwalid and Mitra[46]给出的有效带宽计算方法是线性的，适宜在线控制，现简单介绍如下：

对 MARKOV 流，状态转移率矩阵为 Q，$\Lambda = \mathrm{diag}(\lambda_1, \lambda_2, \cdots, \lambda_s)$，$\lambda_s$ 为相应状态 s 的到达速率，令：

$$z = -\theta^* \quad \text{〔其中，} \theta^* \text{为式(5-95)的解〕} \tag{5-97}$$

$$A(z) = \Lambda - \frac{Q}{z} \tag{5-98}$$

则 $A(z)$ 的最大实特征值即为满足丢包率或时延的有效带宽。

4. 四种业务的有效带宽

(1) 对 UGS，假定包到达率恒为 λ

$$\alpha_\lambda(\theta) = \lambda \tag{5-99}$$

(2) 其他类型业务，可看作对强度为 λ 的无记忆 Poisson 源，可由式(5-97)、式(5-98)计算，或者由式(5-94)计算 θ^*，再由式(5-100)计算有效带宽。

$$\alpha_P(\theta) = \lambda(e^\theta - 1)/\theta \tag{5-100}$$

5. 接纳控制

本节的接纳控制过程遵从 1.7.2 节所述的 802.16d/eQOS 交互框架及交互机制，并假定在业务连接建立之前，OFDMA 子载波及比特分配已完成，各类业务带宽门限已确定，并根据优先权及门限为各类业务分配了资源，接纳控制中采用资源预留机制，接纳过程如下。

(1) SS 的应用使用 BS 的连接信令，建立连接，在连接请求中包含了应用的业务合约。

（2）BS 的接纳控制模块接受或拒绝连接

- 对 UGS：如果 $\sum_i r_{i,\mathrm{UGS}} + r_{i,\mathrm{UGS}}^{\mathrm{req}} \leqslant \mathrm{BW}_{\mathrm{UGS}}$，则接受；否则，如果 $r_{i,\mathrm{BE}} > 10 R_s$ 且 $r_{i,\mathrm{BE}} - \delta \geqslant 10\% R_s$，$\sum_i r_{i,\mathrm{UGS}} + r_{i,\mathrm{UGS}}^{\mathrm{req}} \leqslant \mathrm{BW}_{\mathrm{UGS}} + \delta$，则接受，否则，拒绝。

- 对 rtPS：如果 $\sum_i r_{i,\mathrm{rtPS}} + r_{i,\mathrm{rtPS}}^{\mathrm{req}} \leqslant \mathrm{BW}_{\mathrm{rtPS}}$，则接受；否则，如果 $r_{i,\mathrm{BE}} > 10\% R_s$ 且 $r_{i,\mathrm{BE}} - \delta \geqslant 10\% R_s$，$\sum_i r_{i,\mathrm{rtPS}} + r_{i,\mathrm{rtPS}}^{\mathrm{req}} \leqslant \mathrm{BW}_{\mathrm{rtPS}} + \delta$，则接受，否则，拒绝。

- 对 nrtPS：如果 $\sum_i r_{i,\mathrm{nrtPS}} + r_{i,\mathrm{nrtPS}}^{\mathrm{req}} \leqslant \mathrm{BW}_{\mathrm{nrtPS}}$，则接受；否则，如果 $r_{i,\mathrm{BE}} > 10\% R_s$ 且 $r_{i,\mathrm{BE}} - \delta \geqslant 10\% R_s$，$\sum_i r_{i,\mathrm{nrtPS}} + r_{i,\mathrm{nrtPS}}^{\mathrm{req}} \leqslant \mathrm{BW}_{\mathrm{nrtPS}} + \delta$，则接受，否则，拒绝。

- 对 BE：如果 $R_s - \sum_i (r_{i,\mathrm{rtPS}} + r_{i,\mathrm{nrtPS}} + r_{i,\mathrm{UGS}}) \geqslant 0$，则接受；如果其他类型业务饱和，可出借带宽，直至 $\sum_i r_{i,\mathrm{BE}} = 10\% R_s$。

其中，$r_{i,\mathrm{UGS}}$、$r_{i,\mathrm{rtPS}}$、$r_{i,\mathrm{nrtPS}}$、$r_{i,\mathrm{BE}}$ 分别表示各类业务已分配带宽，$r_{i,\cdots}^{\mathrm{req}}$ 表示各类业务的新到达业务请求带宽，该请求带宽用有效带宽表示。

（3）接纳控制模块接受了新连接后，通知 BS 侧的 UPS 模块，UPS 的信息模块依据收集的带宽请求消息，进行调度，包优先权的计算如前所述，更新调度数据库。

（4）业务分配模块从调度数据库中抽取信息并生成 UL-MAP 消息。

（5）BS 在下行子帧中向所有 SS 广播 UL-MAP 消息。

（6）SS 侧的调度器根据收到的 UL-MAP 消息提取分组进行发送。

5.4.6　仿真

1. OFDMA 的自适应资源分配

假定 OFDMA 系统共有 1024 个子载波，共有 8 个用户，资源分配的单位如图 6-24 所示，采用 1 * 6 模式的 SLOT，假定频率选择性衰落信道的相关带宽远大于 1 个"bin"即 8 个子载波带宽，相同"bin"中的子载波具有相同的 AMC 制式，子载波的信道增益为 $-8\ \mathrm{dB}$、$-6\ \mathrm{dB}$、$-4\ \mathrm{dB}$、$-2\ \mathrm{dB}$ 四种，误比特率要求为 10^{-3}，信道中加性高斯白噪声单边功率谱为 $14 \times 10^{-12}\ \mathrm{W/Hz}$，假定上行链路功率限制为 $100\ \mathrm{mW}$，4 种信道增益对应不传送、16QAM、32QAM、64QAM 调制，在不采用子载波分配时，按照用户顺序 1～8，依次平均分配 1024 个子载波，各用户分得 128 子载波，如图 5-25 所示，采用本节的优化子载波及比特分配，得到各用户的资源如

图 5-26 所示,可见,各子载波上的调制模式明显增大,图 5-25、图 5-26 所示模式的频谱效率分别为 1.45 bit/载波和 2.79 bit/载波,频谱效率提高。

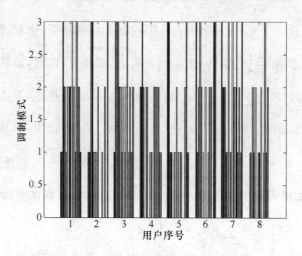

图 5-25　平均分配子载波时,各用户子载波调制模式

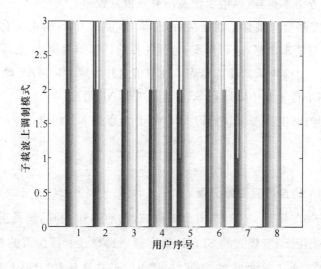

图 5-26　优化分配时,各用户子载波调制模式

2. 优化的门限

选取用户 5 进行研究,平均分配子载波时,其"bin"的调制模式为 0 1 2 0 2 0 2 3 2 1 1 0 0 2 1 3,采用自适应资源分配后,调制模式为 3 3 2 2 3 3 3 2 3 2 3 3 3 3 3 2,其中,"1"对应 16QAM,"2"对应 32QAM,"3"对应 64QAM,假定符号速率为

80. Ksymbol/s,不考虑循环前缀,则分配前后的传输速率分别为 33.9 Mbit/s、58.24 Mbit/s。为了简便,本节假定仿真过程中,信道保持不变,采用 OFDMA-TDD 模式,6OFDMA 符号/帧,帧周期为 750 μs。

　　站点具有四类业务(语音、视频、FTP 业务、数据),分别代表 UGS、rtPS、nrtPS、BE 业务,语音业务、视频业务特征见表 6-1,视频业务的到达服从泊松分布,平均到达率为 768 kbit/s,数据业务数据速率为 1 024 kbit/s,FTP 业务在文件传输和阅读时间状态间转换,假定 FTP 流到达服从泊松分布,平均到达率 2 MB,最大为 5 MB,其长度服从截短对数分布,阅读时间服从指数分布,平均值为 100 s,各类包长分别为 80 B、500 B、1 000 B。流传输起始于语音,其后每隔 4 s 到达一个语音流;视频流起始于 1 s 后,其后每隔 4 s 到达一个视频流;FTP 流起始于 2 s 后,流量为 2 MB,以后每隔 4 s 产生一次;数据流起始于 3 s 后,其后每隔 4 s 到达一个数据流。以上每个流的持续时间为 100 s。

　　假定视频流、FTP 流的缓冲区分别为 20 个包,数据流的缓冲区足够大,对视频流,时延限为 0.06 s,丢包率≪1%,满足时延限的带宽为 843 kbit/s,满足丢包率的有效带宽为 864 kbit/s,假定 FTP 流的丢包率要求小于 3%,其有效带宽为 2.18 Mbit/s,假定该用户最可接纳 17 个语音流,则使用户满意度最大的,rtPS 的优化总门限为 17.96 Mbit/s(17 个 rtPS,单个 rtPS 为 1.056 Mbit/s)。定义用户满意度函数为 rtPS 和 nrtPS 业务的满意度之和,图 5-27 示出了用户满意度函数随rtPS 门限的变化曲线。初始时刻,用户满意度函数随门限增大而增大,增大到优化值,达到最大,然后随门限增大而减小,这是由于 rtPS 门限开始增大时,较大程度地降低了其时延,提高了满意度。而增大到一定程度后,已经能较好地满足时延限,继续增大对时延的改善程度已经不明显,而此时受总带宽限制,将减小 nrtPS业务的带宽门限,从而降低其满意度。图 5-27 还示出了优化门限和有效带宽的用户满意度,可见前者比后者大,说明优化门限通过占用较多资源使用户满意度最好,此时系统通过率降低,以有效带宽作为门限,虽然降低了用户满意度,但节约了资源,二者各有优点。

3. 接纳控制

　　对用户 5,业务流特征和到达过程如前所述,视频流的优化门限和有效带宽、FTP 流的有效带宽如上所述,对平均分配子载波和自适应分配子载波系统分别以平均到达速率、有效带宽、优化门限为接纳标准进行了仿真。图 5-28 比较了平均分配子载波和自适应分配子载波及比特时的用户 5 接纳的业务流,可见后者比前者晚进入饱和区,接纳的业务流较多,这是由于自适应子载波分配使频谱效率提高的结果。对自适应分配子载波的系统,图 5-29、图 5-30、图 5-31 分别比较了在平均到达速率、有效带宽和优化门限为接纳标准时接纳的业务流、语音流和视频流,可见以平均速率为接纳标准时,接纳的业务流、语音流、视频流最多,有效带宽次之,优化门限最少。这是由于对每个 rtPS、nrtPS 业务流而言,平均到达率最小,有效带宽能够保证业务的时延或丢包率,大于平均到达率。优化门限不仅保证业务QoS,而且使用户满意度最大,因此是最大的,分别以它们为指标的系统接纳的业务量依次减小。图 5-32 分别比较了 rtPS 在平均到达速率和有效带宽接纳下的包时延,可以看到,以平均到达率接纳,不能保证时延限和丢包率限,综合业务质量和系统效率,以有效带宽为接纳标准比较合理。图 5-30 还说明,不采用资源预留机制时,系统可接纳较多语音流,导致业务不平衡。

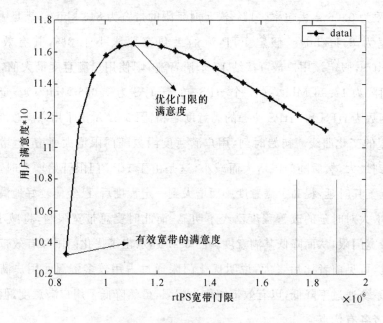

图 5-27　用户满意度随 rtPS 带宽门限变化

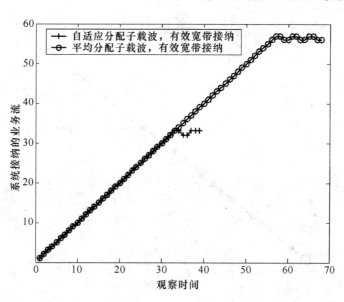

图 5-28　平均分配和自适应分配子载波在有效带宽为接纳标准时接纳的业务流比较

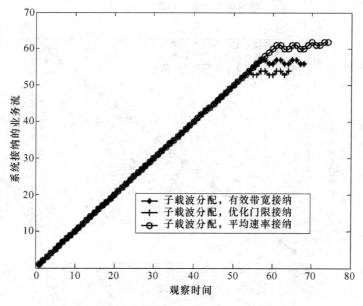

图 5-29　自适应分配子载波的系统,分别在平均速率、有效带宽优化门限为

接纳标准时接纳的业务流比较

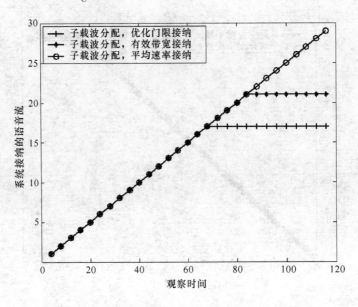

图 5-30　自适应分配子载波的系统,分别在平均速率、有效带宽、优化门限为
接纳标准时接纳的语音流比较

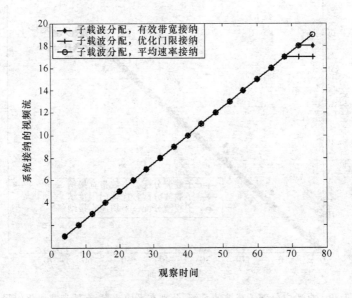

图 5-31　自适应分配子载波的系统,分别在平均速率、有效带宽、优化门限为
接纳标准时接纳的视频流比较

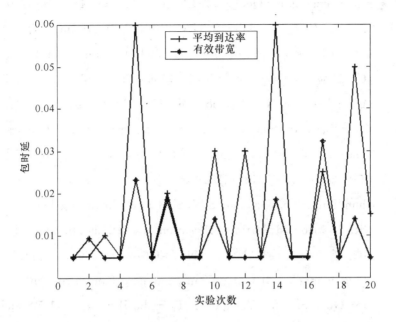

图 5-32　20 次 rtPS 到达流分别在平均到达率和有效带宽接纳下的包时延比较

5.5　本章小结

本章从自适应资源分配、预留带宽、跨层调度、可变比特流的接纳准则等方面研究了 IEEE802.11e 中 EDCA、HCCA 以及 802.16d/e 中的动态接纳控制机制，通过调度与资源分配的结合，接纳控制机制在保证业务质量的同时，使网络效率最大，仿真结果表明这一特点。

本章参考文献

［1］　Gavini K K,Apte V,Iyer S. PLUS-DAC：A Distributed Admission Control Scheme for IEEE 802. 11e WLANs［C］. 13tth IEEE International Conference on Networks，2005,1(11)：6-12.

［2］　IEEE 802. 11 WG. Draft Supplement to Part 11：Wireless Medium Access Control (MAC) and Physical Layer (PHY) Specifications：MAC

Enhancements for QoS[S]. IEEE Std 802. 11e/D4. 3,May,2003.

[3] Liqiang Zhang, Zeadally S. HARMONICA: Enhanced QoS Support with Admission Control for IEEE802. 11 Contention-based Access [C]. Proceedings of the 10th IEEE Real-Time and Embedded Technology and Applications Symposium (RTAS'04),2004(5):64-71.

[4] Yang Xiao, Haizhon Li, Sunghyun Choi. Protection and Guarantee for Voice and Video Traffic in IEEE 802. 11 e Wireless LANs[C]. INFO-COM 2004, 2004,3(3):2152-2162.

[5] Chun-Ting Chou, Shankar S N, Shin K G. Achieving Per-Stream QoS with Distributed Airtime Allocation and Admission Control in IEEE 802. 11e Wireless LANs[C]. INFOCOM 2005,2005,3(3):1584-1595.

[6] Hongqiang Zhai, Jianfeng Wang, Yuguang Fang. Providing Statistical QoS Guarantee for Voice over IP in the IEEE 802. 11 Wireless Lans [J]. IEEE Wireless Communications, 2006(2):36-43.

[7] Daqing Gu, Jinyun Zhang. A New Measurement-Based Admission Control Method for IEEE802. 11 Wireless Local Area[C]. The 14th IEEE 2003 International Symposium on Personal, Indoor and Mobile Radio Communication Proceedings,2003,3(9):2009-2013.

[8] Assi C M, Agarwal A, Yi Liu. Enhanced Per-Flow Admission Control and QoS Provisioning in IEEE 802. 11e Wireless LANs[J]. IEEE Transactions on Vehicular Technology, 2008,2(3):1077-1088.

[9] Wing Fai Fan, Tsang D H K, Bensaou B. Admission Control for Variable Bit Rate traffic using variable Service Interval in IEEE 802. 11e WLANs[C]. 13th International Conference on Computer Communications and Networks,2004(10):447-453.

[10] Deyun Gao, Jianfei Cai, Changwen Chen. Admission Control Based on Rate-Variance Envelop for VBR Traffic Over IEEE 802. 11e HCCA WLANs[J]. IEEE Transactions on Vehicular Technology, 2008, 57 (5):1778-1788.

[11] Grilo A, Macedo M, Nunes M. A Scheduling Algorithm for QoS Support in IEEE802. 11e Networks[J]. IEEE Wireless Communications, 2003(6):36-43.

[12] Deyun Gao, Jianfei Cai, King Ngi Ngan. Admission Control in IEEE 802. 11e Wireless LANs[J]. IEEE Network, 2005,19(7-8):6-13.

[13] Deyun Gao, Jianfei Cai, Zhang L. Physical Rate Based Admission Control for HCCA in IEEE 802. 11e WLANs[C]. Proceedings of the 19th International Conference on Advanced Information Networking and Applications (AINA'05),2005,1(3):479-483.

[14] Yang Xiao, Haizhon Li. Video Transmissions with Global Data Parameter Control for the IEEE 802. 11e Enhance Distributed Channel Access[J]. IEEE Transactions on Parallel and Distributed Systems, 2004,15(11):1041-1053.

[15] Naoum-Sawaya J, Ghaddar B, Khawam S. Adaptive Approach for QoS Support in IEEE 802. 11e Wireless LAN[C]. IEEE International Conference on Wireless and Mobile Computing, Networks and Communications,2005,2(8):167-173.

[16] Wing Fai Fan, Deyun Gao, Tsang D H K. Admission Control for Variable Bit Ratetraffic in IEEE 802. 11e WLANs[C]. 10th Asia-Pacific Conference on Communications and 5th International Symposium on Multi-Dimensional Mobile Communications:272-277.

[17]   Jiang Zhu, Abraham O, Fapojuwo. A New Call Admission Control Method for Providing Desired Throughput and Delay Performance in IEEE802. 11e Wireless LANs[J]. IEEE Transactions on Wireless Communications, 2007,6(2):701-709.

[18] Yang Xiao, Haizhon Li. Evaluation of Distributed Admission Control for the IEEE 802. 11e EDCA[J]. IEEE Radio Communications, 2004 (9):20-24.

[19] Wireless LAN Medium Access Control (MAC) and Physical Layer (PHY) Specifications Amendment 8: Medium Access Control (MAC) Quality of Service Enhancements[S]. IEEE Std. 802. 11e-2005, 2005.

[20] Barry M, Campbell A T, Veres A. Distributed Control Algorithms for Service Differentiation in Wireless Packet Networks[C]. IEEE INFO-COM 2001:582-590.

[21] Pong D, Moors T. Call Admission Control for IEEE 802. 11 Contention Access Mechanism[C]. GLOBECOM 2003,1(12):173-178.

[22] Rashwand S, Jelena Mišić IEEE 802. 11e EDCA Under Bursty Traffic—How Much TXOP Can Improve Performance[J]. IEEE Transactions on Vehicular Technology, 2011,60(3):1009-1115.

[23] Cheong Yui Wong, Roger S. Cheng. Multiuser OFDM with Adaptive Subcarrier, Bit, and Power Allocation[J]. IEEE Journal on Selected Areas in Communication, 1999,17(10):1747-1758.

[24] Wang I C, Zukang Shen. A Low Complexity Algorithm for Proportional Resource Allocation in OFDMA system[C]. SIPS 2004, 2004 (10):1-6.

[25] Bala E, Cimini L J. Low-Complexity and Robust Resource Allocation Strategies for Adaptive OFDMA[C]. SIPS 2005,2005(9):176-180.

[26] Weeraddana P C, Codreanu M, Latva-aho M. Resource Allocation for Cross-Layer Utility Maximization in Wireless Networks[J]. IEEE Transactions on Vehicular Technology,2011,60(6):2790-2811.

[27] Zhenning Kong, Tsang D H K, Bensaou B, Deyun Gao. Performance Analysis of IEEE 802. 11e Contention-Based Channel Access[J]. IEEE Journal on Selected Areas in Communication,2004,22(10):2095-2106.

[28] Banchs A, Serran P, Vollero L. Providing Service Guarantees in 802. 11e EDCA WLANs with Legacy Stations[J]. IEEE Transactions on Mobile Computing,2010,9(8):1057-1071.

[29] Fen Hou, She J, Pin-Han Ho. A Flexible Resource Allocation and

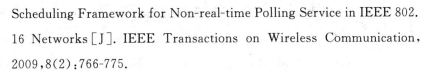

Scheduling Framework for Non-real-time Polling Service in IEEE 802. 16 Networks[J]. IEEE Transactions on Wireless Communication, 2009,8(2):766-775.

[30] Shou-Chih Lo, Yuan-Yung Hong. A Novel QoS Scheduling Approach for IEEE 802. 16 BWA Systems[C]. 11th IEEE International Conference on Communication Technolgy,2008(10):46-49.

[31] Mugen Peng, Wenbo Wang. Advanced Scheduling Algorithms for Supporting Diverse Quality of Services in IEEE 802. 16 Wireless Metropolitan Area Networks[C]. IEEE 18th International Symposium Personal, Indoor and Mobile Radio Communication, 2007(9):1-6.

[32] Pahalawatta P, Berry R, Pappas T. Content-Aware Resource Allocation and Packet Scheduling for Video Transmission over Wireless Networks[C]. IEEE Journal on Selected Areas in Communication, 2007, 25(5):749-759.

[33] Niyato D, Hossain E. Radio Resource Management Games in Wireless Networks: An Approach to Bandwidth Allocation and Admission Control for Polling Service in IEEE 802. 16[J]. IEEE Wireless Communications, February 2007,14(2):27-35.

[34] Wongthavarawat K, Ganz A. Packet scheduling for QoS support in IEEE 802. 16 broadband wireless access systems[J]. Int. J. Commun. Syst. ,2003, 16(2): 81-96.

[35] Wha Sook, Geun Jeong. Combined Connection Admission Control and Packet Transmission Scheduling for Mobile Internet Services[J]. IEEE Transactions on Vehicular Technology,2006,55(9):1582-1593.

[36] Murawwat S, Aslam S, Saleemi F. Urgency and Proficiency Based Packet Scheduling & CAC Method for IEEE 802. 16[C]. WiCom09, 2009(9):1-4.

[37] Jiang Yu, Yueming Cai, Youyun Xu. A Cross-layer Design in Multiuser MIMO-OFDM Systems Based on Space-Time Block Coding for IEEE 802. 16[C]. WiCom 2007, 2007(9):381-384.

[38] Lihua Wan, Wenchao Ma, Zihua Guo. A Cross-layer Packet Scheduling and Subchannel Allocation Scheme in 802. 16e OFDMA System[J]. IEEE Wireless Communication and Networsks, 2007(3):1865-1870.

[39] Yin Ge, Geng-Sheng Kuo. An Efficient Admission Control Scheme for Adaptive Multimedia Services in IEEE 802. 16e Networks[C]. VTC-2006, 2006(9):1-5.

[40] Zukang Shen, Andrews J G. Adaptive Resource Allocation in Multiuser OFDM Systems With Proportional Rate Constraints[J]. IEEE Transactions on Wireless Communications, 2005,4(11):2726-2737.

[41] Willink T J, Wittke P H. Optimization and Performance Evaluation of Multicarrier Transmission[J]. IEEE Transactions on Information Theory, 1997,43(3):426-440.

[42] Jiho Jang, Kwang Bok Lee. Transmit Power Adaptation for Multiuser OFDM Systems[J]. IEEE Journal on Selected Areas in Communication, 2003,21(2):171-178.

[43] Niyato D, Hossain E. A Queuing-Theoretic and Optimization-Based Model for Radio Resource Management in IEEE 802. 16 Broadband Wireless Networks[J]. IEEE Transactions on Computers, 2006, 55 (11):1473-1488.

[44] Haitang Wang, Wei Li, Agrawal D P. Dynamic Admission Control and QoS for 802. 16 Wireless MAN[C]. 2005 Wireless Telecommunications Symposium, 2005(4):60-66.

[45] Cheng-Shang Chang, Thomas J A. Effective Bandwidth in High-speed Digital Networks[J]. IEEE Journal on Selected Areas in Communication, 1995,13(8):1091-1100.

[46] Ishizaki F, Gang Uk Hwang. Cross-Layer Design and Analysis of Wireless Networks Using the Effective Bandwidth Function[J]. IEEE Transactions on Wireless Communications，2007,6(9):3214-3219.

[47] Elwalid A I, Mitra D. Effective Bandwidth of General Markovian Traffic Sources and Admission Control of High Speed Networks[J]. IEE-WACM Transactions on Networking，1993,1(6):329-343.

附录 1 缩略语

QoS	Quality of Service	业务质量
RFC	Request For Comments	计算机网络文档
ITU	International Telecommunication Union	国际电信联盟
OSI	Open System Interconnect	开放式系统互联
IETF	The Internet Engineering Task Force	互联网工程任务组
TntServ	Integrated Service	综合业务
DiffServ	Different Service	差分业务
RSVP	Resource Resevation Protocol	资源预留协议
FEC	Forward Error Correction	前向纠错
ARQ	Automatic Repeat-reQuest	自动重传请求
ARQ-SR	ARQ-selected Repeat	自动重传请求之选择性重传
MOS	Mean Opinion Score	平均主观评分
MPEG	Moving Pictures Experts Group	动态图像专家组
BPSK	Binary Phase Shift Keying	二相相移键控
QPSK	Quadrature Phase Shift Keying	四相相移键控
QAM	Quadrature Amplitude Modulation	正交幅度调制
HARQ	Hybrid-ARQ	混合自动重传请求

OFDM	Orthogonal Frequency Division Multiplex	正交频分复用
CQI	Channel Quality Indication	信道质量指示
FSMM	Finite State Markov Model	有限状态 Markov 模型
FSMC	Finite State Markov Channel	有限状态 Markov 信道
ACK/NACK	Acknowledgment/Negative Acknowledgment	确认/非确认
HCF	Hybrid Coordination Function	混合协调函数
EDCF	Enhanced Distributed Channel Access	先进的分布式信道接入
HCCA	HCF controlled channel access	HCF 控制信道接入
DCF	Distributed Coordination Function	分布式协调函数
PCF	Point Coordination Function	点协调函数
AC	Access Category	接入类
IFS	InterFrame Space	帧间隔
SIFS	Short IFS	短帧间隔
DIFS	DCF IFS	DCF 帧间隔
EIFS	Extended IFS	扩展帧间隔
PIFS	PCF IFS	PCF 帧间隔
AIFS	Arbitration InterFrame Space	仲裁帧间隔
TXOP	Transmission Opportunities	传输机会

CFP	Contention-free Period	无竞争期
CP	Contention Period	竞争期
DAC	Distrubuted Access Control	分布式接纳控制
NAV	Network Allocation Vector	网络分配矢量表
CBR	Constant-Bit Rate	恒定比特业务
VBR	Varibale-Bit Rate	可变比特业务
rtVBR	real-time VBR	实时可变比特业务
nrtVBR	Non treal-time VBR	非实时可变比特业务
BE	Best Effort	尽力而为业务
UGS	Unsolicited Grant Service	主动授予服务
rtPS	Real Time Polling Service	实时查询服务
nrtPS	Non-Real Time Polling Service	非实时查询服务
OFDMA	Orthogonal frequency division multiple access	正交频分多址接入
TSPEC	Transmition Stream Specification	传输流定义
CSMA	Carrier-senced Media Access	载波侦听媒体接入
MSDU	Maxmize Service Data Unite	最大业务数据单元
WMAN	Wireless Metroarea Access Ntwork	无线城域网
WLAN	Wireless Lacol Access Ntwork	无线局域网

EDF	Earliest Deadline First	最早时延限优先
LWDF	Largest Weighted Delay First	最大权重时延优先
WFQ	Weighted Fair Queue	加权公平队列
RR	Round Robin	轮询
FIFO	First In First Out	先来先服务

附录 2 FSMM 状态概率

$$F_\gamma(\Gamma_K) = \int_0^{\Gamma_k} p_\gamma(\gamma)\mathrm{d}\gamma = \frac{\int_0^{\frac{m}{\gamma}\gamma} \mathrm{e}^{-t}t^{m-1}\mathrm{d}t}{\Gamma(m)} = \frac{\gamma(m,\frac{m}{\gamma}\gamma)}{\Gamma(m)} \tag{2.1}$$

$$\gamma(1/2,\frac{1}{2}\Gamma_k) = \int_0^{\frac{1}{2}\Gamma_k} \mathrm{e}^{-t}t^{-1/2}\mathrm{d}t = 2\sqrt{\pi}(p(\sqrt{\Gamma_k})-1/2) \tag{2.2}$$

$$p(x) = \frac{1}{\sqrt{2\pi}}\int_{-\infty}^x \mathrm{e}^{-\frac{t^2}{2}}\mathrm{d}t\ (\text{可查表}),\ \gamma(1,\Gamma_k) = \int_0^{\Gamma_k} \mathrm{e}^{-t}\mathrm{d}t = 1 - \mathrm{e}^{-\Gamma_k} \tag{2.3}$$

$$\gamma(2,2\Gamma_k) = \int_0^{2\Gamma_k} \mathrm{e}^{-t}t\,\mathrm{d}t = 1 - \mathrm{e}^{-2\Gamma_k} - 2\Gamma_k\mathrm{e}^{-2\Gamma_k} \tag{2.4}$$

$$P_\gamma(\gamma \geqslant \Gamma_K)_{m=1} = \mathrm{e}^{-\Gamma_k}\ P_\gamma(\gamma \geqslant \Gamma_K)_{m=2} = 2\Gamma_k\mathrm{e}^{-2\Gamma_k} + \mathrm{e}^{-2\Gamma_k}$$

$$P_\gamma(\gamma \geqslant \Gamma_K)_{m=\frac{1}{2}} = 1 - 2(p(\sqrt{\Gamma_k})-1/2) \tag{2.5}$$

附录 3　FSMM 稳态概率

$m=1/2$：

$$F_\gamma(\Gamma_{k+1}) = 2(p(\sqrt{\Gamma_{k+1}}) - \frac{1}{2}),\ F_\gamma(x^2/2) = 2(p(x/\sqrt{2}) - \frac{1}{2}) \quad (3.1)$$

$$F_\gamma(\Gamma_k) = \frac{\gamma(1/2, \frac{1}{2}\Gamma_k)}{\Gamma(1/2)} = 2(p(\sqrt{\Gamma_k}) - \frac{1}{2}) \quad (3.2)$$

$$I = \frac{2}{\sqrt{2\pi}} \int_{\sqrt{2\Gamma_K}}^{\sqrt{2\Gamma_{K+1}}} p(\frac{x}{\sqrt{2}}) e^{-\frac{x^2}{2}} dx - p(\sqrt{2\Gamma_{k+1}}) + p(\sqrt{2\Gamma_k}) \quad (3.3)$$

$$\pi_k = 2(p(\sqrt{\Gamma_{k+1}}) - p(\sqrt{\Gamma_k})) \quad (3.4)$$

将式(3.1)～式(3.4)代入式(4-32)可得式(4-33)。

$m=1$：

$$F_\gamma(\Gamma_k) = \frac{\gamma(1,\Gamma_k)}{\Gamma(1)} = 1 - e^{-\Gamma_k},\ F_\gamma(\Gamma_{k+1}) = 1 - e^{-\Gamma_{k+1}},\ F_\gamma(x^2/2) = 1 - e^{-\frac{x^2}{2}}$$
$$\quad (3.5)$$

$$I = \int_{\sqrt{2\Gamma_K}}^{\sqrt{2\Gamma_{K+1}}} (1 - e^{-\frac{x^2}{2}}) \frac{1}{\sqrt{2\pi}} e^{-\frac{x^2}{2}} dx$$

$$= p(\sqrt{2\Gamma_{k+1}}) - p(\sqrt{2\Gamma_k}) - \frac{1}{\sqrt{2}} p(2\sqrt{\Gamma_k}) + \frac{1}{\sqrt{2}} p(2\sqrt{\Gamma_{k+1}}) \quad (3.6)$$

$$\pi_k = e^{-\Gamma_k} - e^{-\Gamma_{k+1}} \quad (3.7)$$

将式(3.5)～式(3.7)代入式(4-32)可得式(4-34)。

对 $m=2$：

$$F_\gamma(\Gamma_k) = \frac{\gamma(2, 2\Gamma_k)}{\Gamma(2)} = 1 - e^{-\Gamma_k} - \Gamma_k e^{-\Gamma_k} \quad (3.8)$$

$$F_\gamma(\Gamma_{k+1}) = 1 - e^{-\Gamma_{k+1}} - \Gamma_{k+1} e^{-\Gamma_{k+1}} \quad (3.9)$$

$$F_\gamma(x^2/2) = 1 - \frac{x^2}{2} e^{-\frac{x^2}{2}} - e^{-\frac{x^2}{2}} \quad (3.10)$$

$$\pi_k = (1 + \Gamma_k) e^{-\Gamma_k} - (1 + \Gamma_{k+1}) e^{-\Gamma_{k+1}} \quad (3.11)$$

$$I = \int_{\sqrt{2\Gamma_K}}^{\sqrt{2\Gamma_{K+1}}} (1 - e^{-\frac{x^2}{2}} - \frac{x^2}{2} e^{-\frac{x^2}{2}}) \frac{1}{\sqrt{2\pi}} e^{-\frac{x^2}{2}} dx$$

$$= p(\sqrt{2\Gamma_{k+1}}) - p(\sqrt{2\Gamma_k}) - \frac{1}{\sqrt{2}} p(2\sqrt{\Gamma_k}) + \frac{1}{\sqrt{2}} p(2\sqrt{\Gamma_{k+1}})$$

$$+ \frac{1}{4\sqrt{2}} (p(2\sqrt{\Gamma_{k+1}}) - p(2\sqrt{\Gamma_k}) + \frac{1}{4\sqrt{2\pi}} (\sqrt{2\Gamma_k} e^{-2\Gamma_k} - \sqrt{2\Gamma_{k+1}} e^{-2\Gamma_{k+1}})$$

$$(3.12)$$

将式(3.8)～式(3.12)代入式(4-32)可得式(4-35)。